ソートゥース群のオオカミたちに。

はじめ、彼らは私たちの教師だった。

その彼らが今や時を超えて、自分たちの仲間の代弁者、外交使節となっている。

また、ゴードン・ヘイバー博士の思い出に。

博士は、アラスカのデナリ国立公園でトクラット群のオオカミを私たちと一緒に観察しながら、

研究成果や体験談を聞かせてくださった。

博士のオオカミに対する深い造詣と共感は、私たちすべてを豊かにしてくれた。

オオカミたちの隠された生活

ジム & ジェイミー・ダッチャー

THE HIDDEN LIFE OF WOLVES

JIM AND JAMIE DUTCHER
WITH JAMES MANFULL

X-Knowledge
NATIONAL GEOGRAPHIC

CONTENTS

前頁:ソートゥース群のリーダー、カモッツ。

序文　ロバート・レッドフォード

アメリカの何もない広々とした土地を横断したり、飛行機の窓から西部の屹然たる山々が眼下を過ぎていくさまを眺めたりする旅人には、この荒野には果てがないように感じられるはずだ。かつてこの場所を何百万頭ものバイソン［訳注:長毛に覆われた大型の野牛］やワピチ［訳注:北米で2番目に大きなシカ］が彷徨《ほうこう》していた。先住の人々は、その姿をじっと見つめていた……そしてオオカミも。彼らは、この一見無尽蔵に見える獣の群れに依存して暮らしを立てていた。命の糧だったのだ。それは調和の取れた世界だった。

ヨーロッパから開拓者がやってきて西部開拓に乗り出したとき、彼らはその土地を見て、まったく異なる未来像を思い描く。開拓者たちは、旧世界から追放された冒険者だった。豊かになりたいという夢と、征服を現実のものにするためのライフルを携えた彼らは、この土地を自分たちが新大陸の支配者として君臨できる処女地と考えたのだ。

開拓者たちは動物、人間双方を相手に多くの闘いを勝ち抜き、ついには捕食者として頂点に立った。ライフルの銃身に屈した大地は、鋤《すき》の刃や家畜を受け入れる。そして新生活への希望とともに、家族や馬、牛、羊などを連れてきた彼らは、かつて住んでいた世界にあった俗信や恐れもこの土地に持ち込む。

オオカミたちの世界を侵略した開拓者にとって、オオカミは血に飢えた害獣であり、価値のある特性など何ひとつ持たず、「進歩」の名のもとに抹殺されるべきものであった。当時普及し始めた写真には、フロンティアの射撃の名手が山と積まれたオオカミの死骸の前で勝ち誇った表情を浮かべて収まっている。人間の定住にふさわしく、安全になった西部の象徴である。

人間の利益だけを考えて自然の秩序を再編した結果、より良い世界が出現したなどという例が、これまでにいくつあっただろうか。頂点捕食者をオオカミからライフルを持った人間に置き換えたことの影響が、長い時を経てさまざまなかたちで現れてきている。今日、その影響はあまりにも歴然としている。牧場主、熱狂的な野生生物保護活動家、狩猟家、科学者それぞれが求めるもの。そして、忌み嫌われてきた社会性のある動物、つまりオオカミが必要とするもの。どのようにしてそれらに折り合いをつけるか、私たちは今、その妥協点を探る努力を迫られているのだ。

私たちが家庭の中に喜んで招き入れた犬と同じ遺伝的性質を直接受け継ぐオオカミは、私たちの歴史の中で、私たちの愛すべき忠実なペットの邪悪な双子のきょうだいとして描かれてきた。一族の仲間が車の助手席に乗せてもらい、家畜を移動させるのを手伝い、人間と一緒に戦争に行き、美食の限りを尽くし、子どもたちのベッドで一緒に眠るという特権を享受している一方で、オオカミたちは根拠もなく悪物扱いされている。とらばさみ［訳注:獲物が踏むと足や頭などを挟む猟具］やくくりわな［訳注:ワイヤーの輪の中に獲物の足が入ると締まる猟具］に捕らえられて拷問のような苦しみを味わい、子どもたちもろとも銃で撃たれ、毒餌を食わされている彼らが受ける非難は、驚くほど多岐にわたっている。しかも、その悪しき習性と言われているものは中世

から語り継がれてきたさまざまなおとぎ話を根拠にしているのだ。

今日、多くの政府・州関係者が実態をまったくかえりみない杜撰《ずさん》な計画に基づく「オオカミ問題解決法」を持ち出して、有権者に媚《こ》びを売っている。彼らは真剣に問題を考えている野生生物研究者の助言を無視し、これからもオオカミを殺し続けることを可能にする令状を出し続けている。

しかしその一方で、事態が展開し、オオカミ――好奇心にあふれ、思いやりがあり、知性のある動物――が、かつて自由に歩き回っていた土地に戻ってきた。強い社会的な絆を共有するオオカミは、家族というグループの中で仲間を見守り、傷ついたものを養い、子育てをする。そして、群れの食糧を手に入れるために協力して狩りをすることで、オオカミはワピチなどのシカの数を再分配し、食い荒らされていた木々や茂みが生気を取り戻すのを助ける。事実、オオカミの復活によって生態系は本来の秩序を取り戻し、かつてのダメージから回復している。

雪の中で眠り、草原で遊ぶオオカミたちがアメリカ西部に再び帰ってきた。伝説の中に生き続け、いつまでも変わらぬ西部のシンボルとして、オオカミたちは頭を高くそらし、夜の闇に向かって遠吠えをする。私たちは、その声に耳を傾けなければならない。

ロバート・レッドフォードと筆者の1人であるジム・ダッチャーの出会いは34年前。2人は映画制作におけるインスピレーションを共有し、自然界に対して同じような関心を寄せている。レッドフォードは、ダッチャー夫妻が立ち上げたNPO、リビング・ウィズ・ウルブズの名誉理事も務めている。

すべての野性的なものの象徴として、人々にさまざまな思いを抱かせるオオカミは、多くの人の理性や感情の中に特別な場所を占めている。一方で、悪夢のようなけだものと捉え、オオカミの存在を考えるだけで不合理な恐怖と憎悪を覚える人もいる。

著者について

ジム&ジェイミー・ダッチャー夫妻は20年以上にわたり、オオカミの行動に関する研究とその記録に献身的な努力を重ねてきた。アメリカで最も深い見識を持つオオカミ専門家として、2人はその比類ない体験を人々に広めることに身を捧げ、この強い社会性を持つキーストーン種［訳注:存在数が少なくても、生態系に及ぼす影響が大きい種］の地位の向上と理解に尽くしている。

ジムは、ビーバーやピューマ［訳注：北米から南米に生息する大型のヤマネコ］、海の生態系をテーマに記録映画を制作し、数々の賞を受賞してきた。その彼が次に選んだのが、もっと姿が見つけにくく記録が困難な対象、すなわちオオカミである。連邦林野庁の許可を得て、1990年にダッチャーはジェイミーとともにアイダホ州のソートゥース原生地域の端でテント生活を始める。そして、今やよく知られるようになったオオカミの群れ、ソートゥース群に密着し、その社会的序列や行動を詳細に観察した。

6年に及ぶ彼らの先例のない経験の成果は、ABCテレビとディスカバリーチャンネルのドキュメンタリー番組3本にまとめられ、プライムタイムに放送された。これらの番組は、テレビ界のアカデミー賞とも言えるエミー賞の最優秀撮影賞、最優秀録音技術賞、科学報道部門の最優秀情報番組賞を受賞した。その3つ目の賞は、情報提供者の言葉の事実関係をきめ細かく検証したことを評価されてのことであった。こうした検証は、夫妻が映画製作で最も大切にしている部分でもある。

しかし、それでもオオカミに対する憎悪、迫害は止まなかった。そこでダッチャー夫妻は、ドキュメンタリーに登場した群れが、もっと重要な教育的役割を果たすことができるのではないかと考えた。そして2人は2005年、映画制作のための機器をしまい込み、リビング・ウィズ・ウルブズというNPOを立ち上げる。オオカミの真の姿に関する人々の意識を高めることを目的とした団体である。現在リビング・ウィズ・ウルブズは、オオカミ保護の分野では中心的存在として全米で認められており、何千人もの支持者が積極的にその活動に参加している。

ジムはまた、ハイイロオオカミの再導入計画にもコンサルタントとして加わり、イエローストーン国立公園に導入するオオカミの放飼場のデザインにも関わった。1995年には、アイダホ州知事フィル・バットからオオカミ再導入監視委員会のメンバーに指名され、5年間その任を務めた。

一方、ジェイミーのキャリアのスタートはワシントンD.C.国立動物園の病院助手。その後、ジムとともにナショナルジオグラフィック協会主催のアラスカ探険に3度参加し、オオカミ研究者として名高い生物学者のゴードン・ヘイバー博士のもとで、オオカミの群れの狩りのテクニックや、家族ごとに伝わる知識や文化について観察した。

ジムとジェイミーは現在アメリカ中を奔走して、さまざまな年代の子どもたちに話をしたり、ニューヨークのアメリカ自然史博物館やスミソニアン協会、シカゴのフィールド自然史博物館、ロサンゼルス自然史博物館、カリフォルニア科学アカデミーといった名だたる博物館で

講演会を行ったりして、オオカミの真の姿や彼らの経験を人々に広く紹介している。また、オオカミに関する彼らの発言や取り組みは、ABCテレビの情報番組「グッドモーニング・アメリカ」やBBC放送、ナショナル・パブリック・ラジオ、『ニューヨークタイムズ』紙、『トゥデイ』紙、『ピープル』誌など、数多くのメディアで取り上げられている。

第1世代のオオカミたち
一緒に生まれたきょうだいのカモッツとラコタは、ソートゥース群最初のメンバーのうちの2頭。私たちは、目の開いた瞬間から彼らに哺乳瓶で乳を与え、彼らの信頼を得て絆を築いた。

カモッツ（「自由」）：自信と慈愛にあふれたアルファ（群れの最上位に君臨するリーダー）。群れの安全と健康を守る役目を果たし、ソートゥースの子どもたちの父親となった。

ラコタ（「友」）：カモッツのきょうだいであり、群れでいちばん大柄なオオカミだったが、オメガ（群れの最下位の個体）でもあった。群れの仲間に服従を示し、追いかけっこに誘った。

ウルフキャンプ設営
群れの社会生活を記録するために、私たちは丈夫なテントを張ってキャンプを設営した。オオカミたちが生活する10haの放飼場は、小川、草地、森、池がそろった申し分のない自然環境で、そびえ立つソートゥース山脈の麓《ふもと》に設けられた。

1991　1992　1993

オオカミと共に暮らし、彼らの信頼を得る

オオカミの生活を身近に観察する唯一の方法は、同じ社会の仲間として一緒に生活することだ。ごく幼いうちから彼らの信頼を獲得し、彼らの世界の一部となるのだ。私たちは遠くからオオカミたちを眺めるのではなく、彼らの邪魔をせずに、彼らの生活の一部となって日々の行動を観察したいと思った。

第2世代のオオカミたち
翌年、新たに3頭の雄がウルフキャンプに加わった。カモッツやラコタと同じ両親から生まれた子どもたちだが、性格も体色もまったく異なる3頭だった。

アマニ（「真実を語る」）：子どもたちみんなの優しい叔父さん。子オオカミたちが身体によじ登ってくるのが大好きだった。

モトモ（「最初に行く者」）：全身が真っ黒で、胸に白い星があり、目が黄色の印象的な外見。行動も神秘的なオオカミだった。

マツィ（「優しくて勇敢」）：カモッツに次ぐ序列2番目（ベータ）のオオカミ。群れの調停役兼子守役でもあり、ラコタと深い友情で結ばれていた。

ウルフキャンプ移設
群れをもっと近い位置から、もっと自然な状態で観察する方法を探っていた私たちは、キャンプを彼らのなわばりの内側に移した。これにより私たちの存在は彼らの日々の生活にあって当たり前のものとなり、彼らの社会生活をこれ以上ないほど身近に見ることが可能になった。

第4世代のオオカミたち：
ソートゥースの子どもたち
プロジェクト6年目、カモッツとチェムークの間に2頭の雌と1頭の雄が生まれた。彼らの誕生によって、群れ全体がお祝いムードに包まれた。

1994

1995

1996

第3世代のオオカミたち
新しく加えた3頭のうち2頭は雌だった。3代にわたるオオカミたちの序列が定まり始めると、彼らがそれぞれどのような行動を取るか観察できるようになった。

チェムーク（「黒」）：黒っぽくほっそりした雌。カモッツに繁殖相手として選ばれ、群れで唯一、子どもを産むアルファ雌となり、3頭の子を産んだ。

ワホッツ（「遠吠え好き」）：最終的にラコタに代わってオメガとなった雄。私たちのテントのすぐ隣でいつも眠っていた。真夜中に彼の美しい遠吠えで起こされることもよくあった。

ウィヤキン（「魂の導き手」）：小柄で元気いっぱいの雌。きょうだいのワホッツと非常に仲が良かったが、彼女が一生懸命隠した食べ残しはいつもワホッツに見つけられ、食べられてしまった。

アイダホの先住民族、ネズ・パース族の人々がプロジェクト終了後のソートゥース群に終《つい》の住みかを提供してくれた。

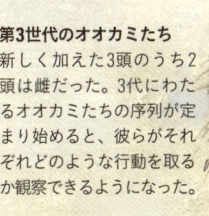

LIFE
WITH THE SAWTOOTH PACK

第1章

ソートゥース群と共に暮らす

いっさいの私情を交えることなく
オオカミの遠吠えに
耳を傾けることができるようになるまでには、
山そのものと同じだけ
歳を重ねなければならない。

——アルド・レオポルド「山のように考える」

何千年も昔から、オオカミの遠吠えに人々はさまざまな情念を呼び起こされてきた。

ソートゥース原生地域のはずれに、私たちは、オオカミの群れがその生活を包み隠さず見せてくれる環境を創出した。オオカミたちが私たちを彼らの世界の一部として認め、受け入れてくれるような環境だ。私たちは群れをソートゥース群と名づけ、その行動を詳細に映像で記録した。オオカミに関する誤った俗説を一掃し、知られざる彼らの一面を人々に紹介するためだ。私たちは、そこで予想をはるかに超えるものと遭遇することになる。

アイダホ州ソートゥース山脈の峰々を望む巣穴。ほんの数週間前にその巣穴を自ら掘った若い母オオカミが、3頭の子を産んだ。1996年当時としてはまさに奇跡と言ってよい出来事だった。この地方では、過去50年以上にわたってオオカミは1頭も生まれたことがなかったからだ。だが、アメリカ西部の状況は変化しつつあった。この3頭の子どもたちが目を開き、ソートゥース山脈を見上げているころ、他の場所でも第1世代の子オオカミが生まれようとしていた。その1年前、連邦内務省魚類野生生物局によって慎重に選び出された2つの地区に数頭の「実験用」オオカミが放たれ、彼らもまた自分たちの子を身ごもっていたのだ。

この最初の3頭の子どもたち——ソートゥースの無垢なパイオニアたち——は、他のオオカミとは異なる存在だった。母親は、まがい物ではない群れのアルファ雄が自ら選んだアルファ雌であるし、山奥の草地のそばに作られた自然の巣穴で生を受けてはいるものの、彼らは厳密な意味での野生オオカミではなかったのだ。彼らは、外交使節であり教師であった。野生のオオカミがいたことなど、もうすぐ昔話にすぎなくなってしまうというときに始まったプロジェクト——そのハイライトが彼らの誕生だった。両親や叔父叔母とともに、子どもたちは私たちがソートゥース群と呼ぶ群れの一員となった。私たちがオオカミについて持っているほぼすべての知識を授けてくれたのは、この群れだ。それだけではない。彼らは私たちの人生をまったく別のものに変容させてしまったのだ。

私たちは常に、映画で取り上げる動物たちを擁護するスタンスを取ってきたが、オオカミが自分たちのライフワークになるとは思ってもいなかった。しかし、それこそがまさに私たちの身に起こった出来事だったのである。学べば学ぶほど、もっと多くのことを知りたいという気持ちが強くなった。1本のつもりだった映画は3作を数えた。ごく少人数の制作スタッフで切り盛りしていたのが、いつしかNPOを立ち上げるまでになった。人を集めて話をしていただけだったのが、さまざまなメディアを利用するようになり、さらには3日がかりの会議まで開催するようになった。2年の予定だった企画が4年、6年と延期され、ついには私たちの終生のプロジェクトとなる。映画の主役にすぎなかったオオカミたちは私たちの信頼できる友となり、私たちは彼らの野生の同胞たちのスポークスマンとなったのだ。

私たちのプロジェクトがまだ始まったばかり

だった1990年、連邦政府の野生オオカミ再導入計画はすでに準備が進んでいた。ロッキー山脈西麓一帯の人々はオオカミの帰還に向けて心の準備を整えていたが、手放しの熱狂に包まれる人々と、憤懣《ふんまん》やるかたない人々、気持ちはそれぞれだった。映画制作に絶好のタイミングではあったが、私たちは政治的なメッセージを込めるつもりはなかった。オオカミの群れに密着してその様子を詳細に描写する。そうすることで、アメリカ人の生活の中に今まさに再登場しようとしているこの動物が持つ、複雑な社会性に光を当てようと考えたのだ。

問題は、その方法だった。当時、アラスカを除くと、北米では五大湖［訳注：アメリカとカナダの国境に連なる5つの湖の総称］の北部にほんのわずかの頭数が生息する以外、オオカミは存在していなかった。わずかに残っているこれらのオオカミたちを目にすることはほとんど不可能。まして撮影などもってのほかだった。カナダで活動している映画制作者たちが、狩りをするオオカミたちの記録映像を撮ることにどうにか成功してはいたが、これも望遠レンズを使って非常に離れたところから撮影したものだった。すばらしい仕事ではあったが、私たちが撮りたいのは、一般にはあまり知られていないオオカミたちの社会生活だった。

この動物たちが共に暮らし一緒に遊ぶ様子や、彼らが見せる思いやりや気遣いを示す繊細な行動を人々に見てもらえたら、オオカミを取り巻く恐怖や誤解の一部を取り除くことができるのではないか、と私たちは考えていた。

そういった詳細な記録を実現するためには、至近距離までオオカミに接近しなければならない。しかも、相当長い期間にわたってだ。仮に何らかの方法でこのほぼ不可能に近い目的を成し遂げ、野生の群れと一緒に数カ月過ごすことができたらどうなるだろう？　私たちは、彼らにどんな影響を及ぼすだろう？　絶滅の危機に瀕するこの動物たちが人間の存在に慣れてしまわないだろうか？　オオカミたちに、カメラを持つ人間を恐れるなと教えることは、銃を持ち、あまり友好的ではない人間まで恐れるなと教えてしまうことになりはしまいか——今も昔も、人間に対する恐れをなくしたオオカミは、長く生き延びることができない。

解決方法は明らかだった。私たちが自ら、私たちの存在に慣れた群れを新しくつくるのだ。私たちがテリトリーの中に侵入しても脅威に感じないほど私たちを信頼してくれる群れをだ。そして、その群れが不安定な政治情勢の影響を受けないように私たちが守ってやること。さんざん探し回った結果、私たちはモンタナ州とミネソタ州の保護研究センターから、大人の雄と雌1頭ずつと、4頭の子オオカミをもらい受けることができた。

子オオカミを私たちの存在に慣れさせるため、最初の数週間は私たち自身で世話をした。例えば、子オオカミの目が開くと同時に哺乳瓶で乳を与え始めた。オオカミの信頼を得るためにはこの方法しかないことを知っていたからだ。少したりとも気を抜くことができず、文字通り不眠不休でオオカミたちの世話をした。元気いっぱいの“小さな毛玉”たちに髪の毛をぐいぐい引っ張られる、シャツの裾をぼろぼろに食いちぎられるといった仕打ちを受けても、喜んで甘んじなければならなかった。

食べ物はまず、特別に調合した子オオカミ用人工乳を作って与え、その後、裏ごしした鶏肉を離乳食として食べさせた。野生の親は狩りから戻ると、半分消化されてどろどろになった肉を吐き戻して育ち盛りの子どもたちに与える。言わばオオカミ版のベビーフードだ。私たちが与える離乳食も、人間の目には負けず劣らず気味の悪いものだったが、子どもたちはがつがつとおいしそうに平らげた。

母オオカミの舌の代用品は温めた濡れぞうきん。冷えびえとした春の夜には、着古したセーターと私たちの膝が、母オオカミの暖かい毛皮の役目を果たした。子オオカミたちは私たちを慕うようになり、私たちも彼らに愛情を抱くようになった。

しかし、私たちがもらい受けた大人の2頭は、ソートゥース群のメンバーには加えられなかった。雌は白内障の合併症を患い、雄はカメラを向けられるくらい私たちに慣れるところまではいかなかったからだ。結局、この2頭はオオカミ教育センターが終の住みかとなった。私たちは、一緒に暮らせるほどオオカミに信頼してもらうためには、自分たちの手で子オオカミを育てる以外に方法はないことを改めて思い知った。

群れの中で特に象徴的な存在となった2頭の子オオカミがいる。この2頭は、外見がそっくりだった。いわゆるオオカミ色のグレーに白と黒の模様。その一方で、性格はごく小さいころからまったく違うことが見て取れた。1頭は大胆な性格で、元気いっぱいに草むらを跳ね回り、世界を探検して歩くのが大好き。もう1頭は小心者で、自分で冒険するよりも、きょうだいの後をついて歩くほうが好きだった。群れのかたちを決める社会的序列の萌芽だ。

2頭のうち大胆なほうを、私たちはブラックフット族［訳注：カナダのアルバータ州、米国モンタナ州に居住している先住民族］の言葉で「自由」を意味するカモッツと名づけた。小心者のほうは、テトン・スー語［訳注：サウスダコタ州西部に居住している先住民族の言語］で「友」または「平和を好む盟友」を意味するラコタと命名した。それから4年のあいだに、私たちはさらに6頭の子オオカミを群れに加え、最後には群れのオオカミたち自身によって3頭がそこに加わった。

私たちの目標は、科学者として観察することではなく、同じ社会を共有するパートナーとしてオオカミの生活を見つめることだった。私たちと緊密な絆で結ばれ、完璧に心を許してくれなければ、彼らの普段の生活や社会構造、繊細なコミュニケーションの方法は見えてこない。そのような絆を築き上げるべく彼らを育てたが、私たちは決して彼らをペット扱いしないように留意していた。一緒に過ごした6年間を通して、交流は彼らのほうから求めてきた場合のみと決め、それを守った。

純血のオオカミもオオカミ犬［訳注：犬とオオカミの交雑犬］も、行動の予測がつきにくく、ペットとしては危険な存在になりうる。私たちは、アイダホ州ソートゥース山脈。
ソートゥース群の住みか 1990〜96年

そのことを常に声高に訴えてきた。また、私たちは常時、科学者や政府の担当者に相談できる状況にあったし、経験に則り、スタッフの安全だけでなくオオカミたちの安全にも細心の注意を払ってきた。そうでなければ、これほどの歴史的価値のあるプロジェクトは成功しなかっただろう。群れには、できるかぎり本来のオオカミがあるべき姿で生活してもらいたかった。そのためには、広大なスペースのある自然のままの住みかを用意してやる必要があった。

ウルフキャンプ

州道75号線を北上してアイダホ州中央部に入ると、道は急勾配のつづら折りになる。上りきったらガリーナ峠。ここが玄関口だ。そこからソートゥース渓谷までは急な下りだ。この斜面から滴り落ちる源流が、谷で集まってサーモン川になる。川沿いには広大な原野を背景に農場が数軒点在している。それらを西方から見下ろしているのが、ごつごつした岩肌のソートゥース山脈だ。ソートゥースの山々は谷底から一気に隆起し、鮮やかな青空を背に灰色の壁がそそり立っている。ここはグランド・ティートン国立公園ほど有名ではないが、それに引けを取らない開拓時代の西部らしさがある。

この山々に抱かれるようにして、麓の川沿いに明るい草原が広がっている。草地の中を縫うように走る網目状の細い水路。それに育まれるヤナギやポプラの木立。それらの水路は、1本の勢いよく流れる小川に流れ込む。密に茂ったマツ科のトウヒやヨレハマツが、まるで護衛兵のように周囲を取り囲んでいるが、木立はところどころ途切れ、そこからソートゥースの山々の威容を眺めることができる。

私たちは半年以上かけて、ウルフキャンプを設置するのに最適な場所を探し歩いた。満たすべき条件のリストは、頭がおかしくなりそうなくらい長かった。まず、原野の奥深くでなければならない。人の注意を引いたり、地元の人たちに迷惑をかけたりしないようにするためだ。とはいえ、夏には4WD（四輪駆動車）を、冬にはスノーモービルを使えば行けるところでなければならない。また、連邦林野庁の使用許可が下りる場所であることも要件だ。そして何と言っても、オオカミの生息地として適していることが絶対条件だ。新鮮な水がたっぷりとあり、開けた場所と木に覆われた場所が混在し、巣を作る良い場所があること。

この草地に足を踏み入れた瞬間、私たちは、ここがその場所だと直感した。新雪に覆われた美しいトウヒの森の静けさ、一面に広がる春の野の花のパステルカラー、くっきりと鮮やかな秋の木々の赤や黄金色。映画を作る人間が望むものがすべてそろっていた。

さらに重要なことは、この土地には、オオカミの群れが必要とするあらゆるものが備わっていたことだった。木の密集した森や、ヤナギが点在して迷路のようになったところは、オオカミたちが身を隠し安心することのできる場所だ。水を飲んだり水浴びしたりできる泉もあるし、たくさんの倒木があって巣作りの場所も選び放題。日当たりの良い草原は、子どもたちの育児に最適だ。オオカミたちにはきっと、この場所を気に入ってもらえたと思う。

ウルフキャンプのプロジェクトは常に進化し続けていた。連邦林野庁、連邦内務省魚類野生生物局、アイダホ州漁業狩猟委員会の許可を取りつけた私たちは、次に地元の3軒の牧場の敷地内を通行する了解を得なければならなかった。今後6年かけて行われる予定の野生のオオカミの再導入は、すでにさまざまな論争を引き起こしていた。幸い通行許可を得られた私たちは1990年秋、杭を立てて25エーカー（約10ha）の土地を囲った。世界最大のオオカミ放飼場だ。柵のすぐ外側には、私たちが寝泊まりするためのテントを2張りと、モンゴル風の丸い家（ゲル）を建てた。こちらは炊事場兼作業スペースで、キャンプ生活の中心となる場所だ。

キャンプの維持管理とオオカミたちの世話は年中無休の作業だ。長いアイダホの冬はとりわけ仕事が多かった。1日に1mの雪が積もることもあり、テントの屋根の雪下ろしは必須。さもなければ雪の重みでつぶれてしまう。また、燃料用の木を運び込んで薪割りをし、たきぎを絶やさないようにしなければならない。なにしろ夜には零下40℃まで冷え込むのだ。屋外に設置したトイレまでの通路も常に確保しておく必要がある。そして何よりも重要なのが、郡保安官事務所と常に連絡を取り合うこと。州道で死んだシカやワピチ、プロングホーン［訳注：北米の固有種で、ウシ科とシカ科の中間的な動物］などが見つかると、私たちはそれを回収してオオカミたちの食糧にする許可をもらっていたのだ。

プロジェクトが始まって2、3年目、私たちはキャンプにちょっとした変更を加えたが、これが画期的な効果を発揮した。オオカミのテリトリーの中に地上2.5mの台を作り、その上にゲルを載せたのだ。さらにテントも隣接する地上に移し、周りを金網のフェンスで囲んだ。この日を境に、私たちは毎日オオカミの領分に出たり入ったりする必要がなくなった。オオカミたちのテリトリー内部に常に存在する存在となったのだ。その結果、オオカミたちはこれまで以上に私たちの存在を気にしなくなった。このとき、群れはすでに6頭の雄と2頭の雌からなる成熟した家族になっており、その生活の一部始終を細部に至るまで私たちに披露してくれるようになっていた。ソートゥース群の記憶の中で私たちが最も懐かしく思い出すのは、この時期のことである。

ソートゥース群

私たちが最初に育てた子オオカミのうち、群れの中心になった2頭――カモッツとラコタ――は、前述のように外見はそっくりだったが、性格はまるで陽と陰で、オオカミ社会の両極を具現化していた。建物を支える2本の柱のように、この2頭が群れに安定をもたらし、調和の取れた繁栄を可能にした。

カモッツ（「自由」）は目が開いた瞬間から、元気がよく自信に満ちた子だということがわかった。胸を張って頭を高くそらせ、子どもながらに遠吠えのうたを歌い、丈の高い草むらを駆け回る。新しいものには興味津々《しんしん》で、すぐに調べに行く。1歳になるころには、異論の余地なく群れのリーダーであるアルファの立場を確立していた。食事時には、シカの死骸の上でにらみをきかせる。その猛々《たけだけ》しさは、見ていても恐ろしいほどの迫力だった。彼の許可が出るまで、他のオオカミたちはご馳走にありつけず、食べている最中も、彼らは常にカモッツから目を離さなかった。

とはいえ、カモッツに底意地の悪いところはまったくなかった。いちばん強いオオカミやいちばん酷薄なオオカミがアルファになるのではなく、群れ全体の保護者となる責任を引き受け

わずか生後8週ながら、カモッツは
すでにアルファらしい自信に満ちて
いた。

るものがアルファになるのだ、ということを彼は教えてくれた。森の中で何か妙な物音がしたとき、調べに行くのは例外なくカモッツだった。威厳に満ちた態度、厳格、秩序を好むカモッツだったが、少しのあいだ義務を棚上げにして、大浮かれで仲間と鬼ごっこに興じる姿を目にすることも珍しくなかった。

オオカミの群れには、リーダーがいれば最下位（オメガ）も存在する。このあまりうらやましくない役割を負うことになったのが、カモッツと一緒に生まれたラコタ（「友」）だった。あるオオカミをこの地位に転落させる要因は何か、確かなことはわからない。だがラコタの場合、体格や強さは無関係のようだった。彼は群れの中でもいちばん身体の大きなオオカミだったのだ。でも、たいていそうは見えない。他のオオカミたちのそばでは服従を示すためにしゃがみ込み、身体をできるだけ小さく見せようと努力していたからだ。

群れの他のメンバーから受ける手荒な扱いに耐えるラコタを観察しているのはつらかった。しかし彼は、オメガにも意味があることを教えてくれた。ラコタが服従を示すと、群れの緊張がほぐれ、中位のオオカミ同士のケンカが減った。群れのオオカミたちの気分が和んでいることはラコタの利益につながる。だから、追いかけっこを始めるきっかけをつくるのはラコタの場合が多かった。身をかがめて相手を遊びに誘う姿勢（この姿勢を「プレイ・バウ」と言う）を取り、他のオオカミたちを誘って自分を追いかけさせるのだ。

群れの鳴き声を録音して集めていくうちに、私たちは、ラコタの遠吠えが最も美しい（もちろん、あくまで人間の基準では）ことに気づいた。群れの仲間が集まって“集会”を開き、みんなで遠吠えをする。だが、このときがラコタの最も緊張する瞬間だった。興奮が高まり、狂乱状態になった集会では、優位性を誇示する行動を誘発することがよくある。群れの中での地位を強化するときにオオカミたちが見せる行動だ。そこでいちばん割を食うのがラコタだった。それでも彼はいつも仲間に加わり、胸を張って頭を高く掲げ、目を閉じ、心を込めて遠吠えをした。その声に耳を傾けていると、ブルースを聴いているような感覚に包まれるのが常だった。

第2世代の子どもたち

1年後、3頭の新しい雄の子オオカミ——マツィ、アマニ、モトモが仲間に加わった。カモッツやラコタと同じ両親から生まれたきょうだいだ。外見だけを見ると、3頭は同じオオカミでもこんなに違うものかと思うほど違っていた。体色は、それぞれ薄いベージュ、グレー、黒。私たちは彼らに、カモッツと同じくブラックフット語の名前をつけることにした。オオカミが再導入されることになる土地の大部分は、かつてブラックフット族の領土だったからだ。

マツィ（「優しくて勇敢」）は薄いベージュ色のオオカミで、色むらのない明るい色のその毛皮は、日の光を浴びると金色に見えた。マツィは群れのベータで、したがってアルファ以外のすべてのメンバーより序列が上だった。そして、くんくん文句を言うこともなく、カモッツの支配を受け入れた。しかし、ワピチの死骸を前にすると、他のオオカミたちに場所を譲ることは絶対になかった。

群れへの忠誠心や献身について最もよく教えてくれたのは、このマツィだ。新しい子どもたちが加わると、彼は子守を引き受けた。幼い子どもたちを注意深く見守り、決して目を離さない。大人の食事が終わると、子オオカミたちはマツィの周りに集まり、その口元を舐める。すると彼は、食べたものを吐き出して子どもたちに食べさせるのだった。

マツィが教えてくれたことの中で最も重要なのは、オオカミにも友情があるということだ。出会った瞬間から、マツィとラコタの間には緊密な絆が生まれていた。2頭は一緒に遊ぶことが多かった。オメガとしての地位から来るプレッシャーに疲れてラコタが森に逃げ込むとき、しばしばマツィは群れの仲間から離れてラコタと一緒に過ごしていた。2頭は、とにかく相手のことが好きなようだった。中位のオオカミが自分の優位を示すためにラコタをいじめているときに、マツィが走り寄ってきて、ラコタといじめているオオカミの間に割って入り、ラコタが安全な場所に逃げ出せるようにしてやることもあった。そんなことをしても、マツィに目に見えるかたちの見返りがあるわけではない。私たちには、平和を維持し、友だちのために心を配っているようにしか見えなかった。

アマニ(「真実を語る」)は、群れの中位に位置するオオカミ。大半のオオカミは、あるものよりも優位で、あるものよりも下位、というように単純に群れの構成員であるが、私たちがアマニから学んだのは、群れの中の地位がどうであろうとも、1頭1頭のオオカミがそれぞれ独自の個性を持つ、複雑な性格の持ち主であるということだ。外見はカモッツやラコタとよく似ており、いわゆるオオカミらしいグレーに黒い模様。顔の色は薄く、目の周りだけが黒っぽかったので、私たちの目には彼がいつも少しおどけた表情をしているように見えた。

実際、アマニはよく道化の役を演じていた。特に子オオカミと一緒にいるときはそうだった。マツィのように子どもたちの世話をすることはないのだが、一緒に遊ぶのが大好きだった。アマニが草の上に横たわっていると、子どもたちが背中によじ登ったり、尾をぐいぐい引っ張ったり、耳に咬みついたりする。そんなときの彼は、目を半分閉じて、うっとりと至福の喜びを味わっているかのようだった。

そんなアマニも、180度豹変して徹底的に弱い者いじめをすることがあった。群れの中でアマニほど、ラコタに激しい虐待を加えたものはいない。もしかすると彼は、自分の地位が不安定なものだと感じていたのかもしれない。そのため、自分はオメガなどではないということを実地で示そうとしていたのではないだろうか。彼は、きょうだいのモトモに自分の優位性を示すことにも同じくらい血道を上げていたが、こちらは多くの場合うまくいかなかった。

そのモトモ(「最初に行く者」)は全身が真っ黒で、胸には白い星があり、突き刺すような鋭い黄色の目をしていた。性格も外見と同様に神秘的で、いつも静かな好奇心に燃えていた。ふと気がつくと、仕事をしている私たちをじっと見つめていることがよくあった。そばに近寄ってくるわけでもなければ、私たちの注意を引こうとするわけでもない。ただ観察しているのだ。きょうだいのアマニとの関係は、群れの序列を研究する上で非常に興味深い事例だった。アマニはしばしばモトモに自分の優位性を示していたが、食べ物に関わることとなると、モトモのほうが強かった。モトモはできるだけ長い時間、アマニにお預けを食わせようと細心の注意を払っていた。

モトモはソートゥース群中位のオオカミ。彼は、仕事をしている私たちをじっと見つめていることがよくあった。そばに近寄ってくるわけでもなければ、私たちの注意を引こうとするわけでもない。ただ観察しているのだ。

アマニとモトモは、中位のオオカミが競い合うだけでなく、協力もすることを教えてくれた。この2頭にまつわる、こんなエピソードがある。州道で小さなシカが死んでいるのを見つけた私たちは、それをオオカミたちのもとに運んでやった。食事をしたばかりだというのに、カモッツとマツィは、その獲物を自分たちだけで食べようと心に決めたらしかった。脇で見ていたモトモとアマニは、お互いに悲しそうにくんくん鳴きながら、おとなしくしていた。

だが突然、モトモが獲物に走り寄り、毛皮のついた小さな肉片を一口噛み切った。激怒したカモッツは、モトモに走り寄り追い払うが、その隙に今度は、アマニがダッシュして食いちぎられていたシカの後肢を1本くわえ、ヤナギの茂みに向かって逃げた。自分のミスに気づいたカモッツは向きを変え、アマニを追いかける。それを待っていたように、モトモはくわえていた小さな肉片を捨てて獲物のところまで戻り、もう1本の後肢をくわえて反対の方向に走った。困惑したカモッツは、まだ大部分が残っている食糧のところから離れないほうがよいと判断したのか、それ以上は追わなかった。もちろん確かなことはわからないが、私たちには、モトモとアマニがお互いの利益のためにこの企みを仕掛けたように見えた。

第3世代の子どもたち

1994年の春、私たちはさらに3頭の子オオカミ——ウィヤキン、ワホッツ、チェムーク——を加えた。2頭が雌、1頭が雄だ。彼らが仲間に入ったことで、群れは機能的な8頭の家族となり、真の意味で成熟した。その少し前に、ネズ・パース族の人々が、オオカミ再導入の監視に非常に重要な役割を引き受けてくれることが決まっていた。と同時に、ネズ・パース族の人々は、プロジェクト終了後のソートゥース群を彼らの土地に受け入れること、そして教育センター建設に力を貸すことに同意してくれていた。この取り決めに敬意を表して、私たちは新入りの3頭の子オオカミたちにネズ・パース語由来の名前をつけることにした。

新しい子オオカミたちを群れの中に放したときの光景は、決して忘れられない。大人のオオカミの子育て本能が遺憾なく発揮されたのだ。例えばカモッツは、子どもたちが服従を示すために腹を出してぱたりと横になると、静かに近づいて1頭1頭を安心させるように舐めてやった。仲間として歓迎するという意味だ。また、マツィは特に子どもたちの安全と健康に目を配り、度が過ぎるほど乱暴な遊びが始まると子どもたちを叱り、子どもたちがお腹いっぱい食べられるように気を遣っていた。

ウィヤキン（「魂の導き手」）とワホッツ（「遠吠え好き」）はどちらも灰色で、淡い黄褐色と茶色の模様があった。ウィヤキンは小さいけれど元気いっぱいの雌で、大の食いしん坊。雄のワホッツのほうが穏やかな性格だったが、ウィヤキンを計略で負かすのが大好きだった。ウィヤキンは食事となると、お腹いっぱいになるまで詰め込んだ上に、さらに食べ物をくわえてどこかに隠しに行くのが常だった。ほどなくワホッツはウィヤキンのその習性を覚え、彼女がどこに隠すかじっと観察するようになった。そして、彼女が隠し終えるとワホッツは何気ないふうを装ってぶらぶらと歩いて行き、彼女の隠し財産を1切れ残らず食べてしまうのだった。しばらくすると、ウィヤキンが当惑した表情で隠し場所を1つ1つ点検している様子が見られたものだ。彼女は結局、とうとう最後まで何が起こっているのか理解できなかった。

ワホッツとウィヤキンを見ていると、オオカミの群れは家族であるという事実をまざまざと思い知らされた。この世に生を受けた瞬間から、2頭は離れがたい存在だった。彼らはいつも、何時間も何時間もゲームに興じ続けていた。その際、自分のほうが優位だという意識がかすかに表情に浮かぶが、それと同時に深い愛情も表れていた。群れを1つにまとめている家族の絆がそこに、はっきりと存在していた。この2頭は大人になると、低い序列に収まることになった。最終的には、ワホッツがいつの間にかオメガの地位に落ち着き、ようやくラコタをつらい立場から解放した。

チェムーク（「黒」）は名前のとおり、黒っぽい雌のオオカミだった。外見はモトモと似ていたが、もう少しほっそりとしていて、顔も長く幅が狭かった。性格は内気だが、時に神経質な攻撃性が表れることもあった。そんなチェムークは、大人になったら群れの序列の底辺に収まるべく運命づけられているように思われた。そのため、2年近く経ってカモッツが繁殖相手に彼女を選んだときは、とても驚いた。私たちは、ウィヤキンのほうがアルファ雌に適した性格だと思っていた。だが、カモッツはそうは考えなかった。とはいえこれは、偶然の賜物だった可能性がある。チェムークのほうが先に発情し、妊娠可能な状態になったからだ。いずれにせよ、交尾を終えたカモッツとチェムークの間には絆が芽生え、彼女のアルファ雌としての役割、群れで唯一、子どもを産む雌としての役割は不動のものとなったのである。

ソートゥース生まれの子どもたち

1996年になって間もなく、チェムークが今までにない行動を見せるようになった。なわばりのあらゆる場所を探り歩き、倒木1本1本の匂いを嗅いで調べ、強迫観念に取り憑かれたかのようにあちこちに穴を掘り出したのだ。私たちはすぐに、彼女が巣穴にする場所を探しているのだと気づいた。他のオオカミたちもみな気づいたに違いない。彼らは興奮し、自分でも浅い穴を掘ったりし始めた。チェムークの助けになっているわけではなかったが、その様子から彼らも何が起ころうとしているか、ちゃんとわかっているように見えた。

やがてチェムークは、あるトウヒの倒木の下の空洞を選び、カモッツのみならず誰の助けも借りずに2m近い深さの穴を掘り上げた。他のオオカミたちはみな、興奮ではち切れんばかりになっていた。狂喜乱舞して走り回っていたかと思うと、次の瞬間には巣穴が掘られた場所に戻り、くんくん鳴きながら、落ち着かなげにもじもじと座っている——やっとの思いで感情を抑えている感じだった。

そして、4月のある日の午後、彼女はそっと群れから姿を消した。あまりにひそやかだったので、誰も彼女がいなくなったことに気づかなかった。翌朝目を覚まし、群れの全員が巣穴の周りに集結して、興奮のあまりぶるぶる身震いしたりくんくん鼻を鳴らしたりしているのを見て、私たちも遅まきながら彼女が出産したことを知ったのだった。

カモッツとチェムークの間に生まれたのは、雌2頭と雄1頭の3頭。ソートゥース群に加わった最後のオオカミたちだ。この出来事が群れの雰囲気にどんな影響を及ぼしたかは見誤りようがなかった。一言で言うと、祝祭。チェムークが巣穴から姿を現すと、全員が彼女の匂いを確認して、うやうやしくその鼻面を舐めた。子どもたちが群れに加わったときの大人たちのかわいがりようは尋常ではなかった。子どもたちが固形物を食べ始めると、カモッツは、子どもたちが一番に獲物の死骸にむしゃぶりつくのを許した。ウィヤキンはすっかり世話好きの叔母さんになりきって、熱心に子守を引き受けた。アマニは遊び相手になってくれるひょうきんな叔父さん。後見人ではなくてお笑い芸人役だ。

オオカミの群れでは、子どもはほぼ例外なくアルファ雄と雌のペアの間にしか生まれない。しかし、このような献身的な愛情を見ていると、子どもが群れ全体の財産であるということがはっきりとわかる。私たちは、雄をピイップ(「少年」)、2頭の雌をそれぞれアイェット(「少女」)とモタキ(「影」)と名づけた。1996年の夏に私たちはソートゥースからネズ・パースの土地に群れを移すことになるが、そのとき彼らはまだ子どもだった。

私たちがソートゥース群と暮らした日々は、今ではすべて思い出になってしまった。彼らは、私たちが2つの種の間に立ちはだかる障壁を乗り越えるのを許し、私たちを友人として、社会的なパートナーとして受け入れてくれた。彼らの物語を語るとき、また、野生の同胞たちに関して彼らが教えてくれたことを人々に伝えるとき、私たちは彼らに少しでも恩返しができればと心から思う。

ソートゥース群以降

友としてでもいい、あるいは敵としてでもいい。オオカミの目を見つめた瞬間、もう以前の自分に戻ることはできなくなる。オオカミに対する好感、反感のどちらも、私たちが信頼するパートナー、つまり犬と似ていることから来ているような気がする。犬の持つ知性や共感する力と同じものを感じ取り、瞬間的に親しみを覚える人もいれば、「犬小屋」に閉じ込めておくことができず、こちらの思い通りにならないイヌ科の動物が持つ自立心と荒々しさを見て取る人もいるだろう。

いや、ひょっとすると、オオカミが私たちの心を動かすのは、彼らが私たち自身に似ているからかもしれない。感情表現の豊かさ、互いに力を合わせる能力、家族に対する並々ならぬ献身、はばかることのない幼い者への愛情……。そういったふるまいには感嘆するばかりだ。その一方で私たちは、自分たちが食べようと思っている動物——猟獣、時に家畜——を食い荒らしてしまうと言って、彼らに怒りを向ける。

人間の心にこれほど相反する感情を呼び起こす動物はほかにいない。社会をまっぷたつに分断し、友を敵に変えてしまうほどの力だ。ソートゥース群と親しく暮らし、その後もアイダホの山中を住みかに選んだ野生の群れのことを知るようになった私たちは、胸が張り裂けるような悲しい出来事に対する心の準備をする必要があった。

プロジェクトが終了して数年経ったある日、私たちは、ソートゥース群がかつて暮らしていた川沿いの草原を訪ねてみることにした。キャンプのあった場所まで山道を歩いて行くと、よく知った目印が目に入り、貴重な思い出が火花のように突然よみがえった。モトモがいつも座って私たちを観察していたポプラの木。ラコタが追いかけっこをしようとカモッツやマツィを誘っていたヤナギの木の迷路。チェムークが子どもを産んだ巣穴。私たちはオオカミと共に過ごしたその場所に行って、自分たちが何を成し遂げたのか、これからどこへ向かって行くのか考えてみたいと思った。洪水のように押し寄せる感情の中に、何かはっきりしたもの、前へ進む道筋が見えないかと考えたのだ。

小川に沿って歩きながら池に向かっていたときに、その瞬間が訪れた。私たちの足元に、1列に並んだオオカミの足跡が現れたのだ。あまりに見慣れた光景だったので、はじめ私たちは特に気にも留めなかった。だが、私たちが今目にしているものの意味が、しだいに飲み込めてきた。それとともに、混じり気のない高揚感も押し寄せてきた。ソートゥース群はもうここにはいない。その代わりに、ここを自分たちの場所にした野生のオオカミたちがいるのだ。私たちの物語の最後を飾るのにこれ以上ふさわしい、明るい終章があるだろうか。ソートゥース群の名残に温かく迎えられ、新たにやってきたものたちの和やかな暮らしに思いを馳せる——。

しかし結局、ソートゥースに野生のオオカミが戻ってきたことは、アメリカ西部におけるオオカミ復活という激動の物語のほんの1章にすぎなかった。新しくやってきたオオカミは全部で14頭。ベイスンビュート群と呼ばれるようになり、彼らは人間に姿を見せるオオカミという評判をものにして、イエローストーン国立公園以外で野生のオオカミを目撃できる数少ないチャンスを提供してくれた。観光客は大喜び。オオカミの存在など、以前なら想像すらできなかったのだから。道路沿いには、望遠鏡や双眼鏡を手にした熱心なオオカミ・ウォッチャーの人だかりができた。

だが、ベイスンビュート群も家畜を殺すという疑いからは免れなかった。西部のオオカミにとっては、許されるべくもない犯罪である。2009年の感謝祭を3日後に控え、ベイスンビュート群のメンバーたちは木のない空き地に追い集められた。そこへヘリコプターが急降下し、農務省野生動物局の職員が彼らに銃弾を放った。傷ついたアルファ雌は3kmほど走って逃げたが、発信機付きの首輪をしていたことと、新雪に血の跡を残していたことが仇《あだ》となって、ついに散弾銃でとどめを刺されてしまう。

「感謝祭の虐殺」と呼ばれるようになったこの事件は、決して例外的な出来事ではない。人間とオオカミの対立の歴史を記録する長い目録のほんの1項目にすぎない。オオカミが現れる、オオカミが数を増やす、オオカミが家畜を殺す、人がオオカミを殺す——。もしこの連鎖を断ち切りたいと思うなら、私たちは、このすばらしい動物を、単に手当たりしだい家畜を殺すもの、猟獣を奪い合う競争相手、政府に割り当てられた数字と考えるのを止めなければならない。

そしてオオカミと共存するためには、彼らの社会構造を深く探り、彼らもまたリーダーシップや学習行動、家族の絆に支えられた社会に生きるものだと認識する必要がある。オオカミが健全な生態系に欠くことのできない存在であることを私たちは知っているが、彼らと同じ風景を共有したいのなら、オオカミがどうやって学習し、どのように行動パターンを進化させていくのかを理解しなければならない。こうしたことを真に理解することによって、私たちはオオカミと共存する能力を身につけ、私たちと一緒に生きることができるのではないかという希望をオオカミたちに与えることができるのだ。

大きな足がかんじきのような働きをするので、オオカミは雪の上でも楽々と移動できる。

オオカミのいる山は、
少しだけ胸を張っている。

エドワード・ホーグランド
『アカオオカミとクロクマ』

そびえ立つアイダホ州ソートゥース山脈の峰々が見下ろす場所に、連邦林野庁の特別使用許可を受けて、私たちは広大な放飼場を作った。ポプラの木立、小川、池、草地のそろった自然豊かな場所だ。ここでソートゥース群のオオカミたちが、間近にその社会生活を見せてくれた。私たちは、このオオカミたちが外交使節兼教師の役割を果たし、彼らの種について私たちが理解を深める案内役を務めてくれることを期待していた。

オオカミは本能的に人間を恐れる。非常に警戒心が強く、観察されていることに気づくと、やりかけていたことを止めてしまう。しかし、ソートゥース群のオオカミたちは私たちの存在に慣れていたので、私たちは彼らの自然な行動を観察することができた。

成功感の量定は、動物や生態系を害すのではなく、
逆にそれらを保護することによって、
世界に私たちがどれほどの優しさや敬意を加えることができたか、
という観点から考えなければならない。

マーク・ベコフ
『より良き未来のために、私たちには何が必要か：30人の提言』

次頁：ウルフキャンプは常に進化を続けるプロジェクトの拠点だったが、乏しい物資でやりくりしなければならなかった。熱源は薪、シャワーの水は小川から汲んでくるか雪を溶かすかした。夜はロウソクを灯し、プロパンガスで料理をした。子オオカミたちの信頼を得るために、私たちは目が開いた瞬間から1頭1頭に哺乳瓶で乳を与えた。

前頁：生後6週間ほどで、子オオカミのの離乳が始まる。そして、巣穴から1kmほど離れた合流場所に子どもを移動させる。狩りの後で子どもたちと落ち合う場所である。母親が狩りに加わる場合、子どもたちは子守役の手に委ねられる。

下：遠吠えをする筆者の1人ジェイミーとワホッツ。子どものときに結ばれた絆は生涯続く。

オオカミの群れの秩序を維持するのは、主に群れのリーダーであるアルファの役目である。ソートゥース群のアルファ雄、カモッツは群れ全体の安全で健康な暮らしに責任を持ち、意思決定者としてふるまった。また、危険の徴候を捉えそこなうことがないように、常に警戒を怠らなかった。

カリブーはオオカミに食われる。
だが、オオカミによってカリブーは強くなる。

カナダ、ヌナヴト準州キーウェイティンに伝わることわざ

前頁：アルファ雌のチェムーク。ソートゥース群で最も上位の雌。

群れのリーダーであるアルファは、群れの安定を維持する。警戒心が最も強く、家族への脅威になる可能性のあるものに真っ先に反応するのもアルファだ。晩冬は繁殖期。アルファ雄とアルファ雌が交尾をする。ごくまれに、条件がそろって獲物が豊富な場合に限り、群れの他のメンバーが繁殖を許されることがある。状況が厳しい年には、まったく繁殖が行われないこともありうる。

ベータのマツィ（写真手前）。指揮権は、アルファであるカモッツに次いで2番目。マツィは群れの調停者であり、子守もよく引き受けていた。

太平洋を望む斜面からヤナギランの咲き誇る草原、
干潟に至るまで気ままに旅していた慎み深いさすらい人が
部族の家に集う我らを呼ぶ、
ノドジロシトドの歌声とともに。
風が7つの息を吹き返すと
暁から黄昏まで雪が甲高い叫びを上げた。
部族の狩人たちは常に影のように待ち、
我らが兄弟の冬数え*を聞く。
彼らが我らを再び鹿のもとへ導いてくれる、
大地を蹴るひづめを持って走る美しい鹿のもとへ。

ドゥエイン・ニアタム『クララム』

＊アメリカ先住民であるスー族が後世のために絵文字で書き記した歴史年表。

オオカミを創るのは我々である。
アメリカ先住民の形而上学的オオカミ像と同様、
科学的な方法論によってもオオカミが創り出される……
これらのオオカミ像は、
宇宙の本質を理解しようとする人類の
果てしない苦闘の歴史を源流としている。

バリー・ロペス『オオカミと人間』

ウィヤキンは、ソートゥース群の中位に位置していた。オオカミの群れでは、リーダー（アルファ）、負け犬（オメガ）のどちらでもないものが大多数を占める。大半は中位のオオカミで、ベータ（序列第2位）とオメガの中間のあいまいな領域に属している。この位置にいるオオカミの社会的序列を観察によって判別するのは難しい。常にその地位が変化し続けているためだ。

前頁：長いあいだ最下位のオメガに位置していたラコタ。

オメガは絶えず群れの仲間に対して服従の意を示していなければならない。他のメンバーたちは、たびたびオメガであるラコタに対して自分の優位性を誇示していた。ラコタを最も頻繁にいじめていたのは、中位のアマニ。オメガはスケープゴートにされることも多い。

北部原生地域に原初から存在していた
生物学的構成要素のうち、
オオカミは人類の知恵と善意を試す
最大の試金石であると言わねばなるまい。

ポール・L・エリングトン『捕食と生命について』

オメガはしばしば、群れの仲間を誘って遊びに引き入れる。群れの緊張を緩和するという重要な役割を担っているからだ。これほど外交的な駆け引きや宥《ゆう》和《わ》政策の手腕を要求される地位はない。仲間をうまくなだめて群れの序列についてしばらく忘れさせる能力に長けたオメガほど、楽に生活することができるのだ。

52頁：オオカミはきわめて狩りに適した目を持っている。視力は人間とほぼ変わらないが、周辺視野が非常に広く、暗闇でものを見る能力や動くものを検知する能力が人間よりはるかに優れている。

53頁：オオカミはさまざまなレベルのコミュニケーション手段を持っている。なかには非常に微妙なコミュニケーションもある。声によるコミュニケーションには、遠吠えのほか、くんくん鼻を鳴らす、吠える、キャンキャン鳴く、うなるといったものがある。それ以外のコミュニケーション手段として、アイコンタクトやボディランゲージが用いられる。

下：オオカミが私たちに接近したがるときには、彼らの好きなようにさせ、彼らが私たちを無視することに決めたときは、しつこく追わないようにした。私たちのほうから接触を始めることは慎んだが、私たちが彼らのテリトリーに入ると、彼らはしばしば挨拶に来た。しばらくのあいだ匂いを嗅いで、私たちの身体を舐めるのだ。オオカミ同士もまったく同じやり方で挨拶をする。

次頁：安心させるようにオメガのラコタ（写真中央）を見つめるベータのマツィ（写真中央後方）。身体の大きさと2番目の地位を利用して、マツィは、ラコタに対する他のオオカミたちの攻撃が過激になりすぎるのを防いでいた。一方、ラコタは事態が手に負えなくならないように、しばしばマツィを頼った。

世界の果ての荒々しい土地を漂泊しよう。
オオカミの国が私の国だ。

ロバート・サーヴィス『望郷の病』

かつてオオカミは北米大陸のほぼ全域に生息していたが、計画的に駆除され、半世紀以上前に以前の生息域のほとんどすべてから姿を消した。しかし1990年代、アイダホ州中部とイエローストーン国立公園に再導入された。

新しい知見

オオカミの言語

オオカミの群れは序列によって秩序を維持している。この秩序は、優位性と服従のディスプレーによって絶えず強化される。ディスプレーは、声と身体的なコミュニケーションを複雑に組み合わせて行われる。オオカミたちはこれを利用して、自分の地位を主張し、維持していく。この言語を凶暴だ邪悪だと解釈する人が多いが、それは誤りだ。これは、あくまでオオカミのコミュニケーション手段にすぎないのだ。

他のオオカミと出会ったときの姿勢から、群れの中でのそのオオカミの地位について多くのことがわかる。下位のオオカミは腰を落としてしゃがみ込み、子オオカミがするように上位のオオカミの口元を舐める。一方、アルファは脚をぴっと伸ばして颯爽《さっそう》と歩き、尾を高く上げているので、一目でそれとわかる。

オオカミは実にさまざまな声を出すことができる。くんくん鼻を鳴らしたり鳴いたりするのは、相手との関係が友好的であることを示すが、欲求不満や不安の表れである場合もある。喉からしわがれたうなり声を出したり、歯をむき出してうなったりするのは、威嚇または防御の表れ。犬のように吠えるときは警戒信号を発している場合が多いが、これはめったにない。遠吠えをするのは、一体感を高めるとき。これから狩りを始めるぞというときや、失われた群れの仲間を悼むときのほか、なわばり宣言時や求愛でも遠吠えをする。

オオカミの感覚の中で最も鋭いのは嗅覚だろう。雄の尿と雌の尿は化学的組成が異なるので、匂いをマーキングする──木に尿をかける──ことで、交尾が可能な状態かどうか触れ回ることもできる。つがいが2頭で同じ場所に匂いをマーキングすることもある。これは、自分たちが夫婦であることを宣言するため、あるいは他のオオカミたちに近づくなと警告するためである。

姿勢：序列が高いオオカミは直立している。下位のオオカミの首や背中の上に自分の頭をのせることもある。

表情：オオカミの表情は絶えず変化し、視覚的なヒントを与えてくれる。優位に立つオオカミが耳を水平に突き出し、唇をまくり上げ、歯をむき出しにして、じっと相手をにらみつけているときは、引き下がれと他のオオカミに命令している合図だ。

優位性を誇示する尾：リーダーであるアルファは、雄も雌も尾を高く上げている。権威を目に見えるかたちで表し、群れという組織の中で指揮官の地位にあることを示しているのだ。

服従を表す姿勢：下位のオオカミは地面にころがって、上位のオオカミに身体の中で最も傷つきやすい腹を見せる。

服従を表す尾：下位に属するオオカミは、尾を脚の間から胴の下にたくし込む。これにより、上位のオオカミに自分が攻撃する意図がないことを表明している。

服従を示すディスプレー：群れの序列の最下位にあるオメガは、身体でその役割をディスプレーする。つまり、腰を落としたまま他のオオカミに近寄るのだ。

THE
WORLD
OF THE
WOLF

第2章
オオカミの世界

どんな動物でも、
その生活を垣間見れば、
私たち自身の生活が刺激される。
そして私たちの生活は、あらゆる点でもっと広く、
もっと良いものになる。

――ジョン・ミュア『ジョンの山暮らし』(未公刊の日記)

オオカミは、群れの中に力と安心感を見出す。

オオカミの世界における一匹狼とは、あるものを探しているオオカミのことである。何を探しているか。仲間となるオオカミを探しているのである。オオカミの本性のあらゆる側面が、オオカミに自分よりも大きなもの――群れ――に所属しろと命ずる。私たちと同様、オオカミは友情を育み、終生続く絆を結ぶ。そして協力し合って何かを成し遂げる。孤独になったオオカミには試練が待ち受けている。私たちと同じように、オオカミにも仲間が必要なのだ。

草をはむ平和な動物の群れを恐怖に陥れながら跋扈《ばっこ》する残忍なけだものの大群。群れは規律も統一もないただの烏合《うごう》の衆。戦利品をめぐる争いを繰り返し、恐怖によって得た権力を振りかざす横虐な暴君にへつらう殺し屋たち――何千年とまではいかなくても、少なくともこの何百年かのあいだ、オオカミの群れというとこのようなイメージが一般的だった。しかし、これは完全なる幻想にすぎない。近年になって進んだオオカミ研究によって、群れの本質が明らかになった。それは、実は私たちにとってたいへん馴染みのあるものだった。オオカミの群れは、家族そのものだったのだ。オオカミは複雑な社会性を持ち、順応性のある生き物だ。だから、人間の家族と同様、オオカミの家族の構造とふるまいが多様であってもまったく驚くには当たらない。

オオカミの群れの中には、両親と2、3頭の子どもだけで構成される核家族もあれば、叔父叔母、兄弟姉妹、祖父母、さらには養子まで含む拡大家族もある。人間の家族と同じように、大人になったばかりの若者が結婚相手とめぐり会い、新しい住みかを見つけ、新しい家族をつくるために群れを出て行く場合もある。

「一匹狼」という言葉をよく耳にする。不承不承ながら賞賛の気持ちが込められた表現だ。妥協を許さず独立心に富む、自分の力で自分の進む道を切り拓く、仲間づきあいなどといった感傷的なしがらみに縛られることがない、荒っぽい個人主義者――。現実には、そんな生き方をしたいと思う人はほとんどいないだろう。実は、そんな生き方をしたいと思うオオカミもほとんどいないということがわかってきた。

雄でも雌でも、しばらくのあいだ単独で暮らすものはいる。だが、彼らも孤独な生活を好んでいるわけではない。オオカミの世界における一匹狼とは、あるものを探しているオオカミのことである。何を探しているか。仲間となるオオカミを探しているのである。オオカミの本性のあらゆる側面が、オオカミに自分よりも大きなもの――群れ――に所属しろと命ずる。私たちと同様、オオカミは友情を育み、終生続く絆を結ぶ。そして協力し合って何かを成し遂げる。孤独になったオオカミには試練が待ち受けている。私たちと同じように、オオカミにも仲間が必要なのだ。

オオカミの群れは、しばしば若い2頭の出会いから始まる。オオカミが存在するところには必ず若い雄と雌がいて、相手を求めている。もし条件が整えば、2頭の間に絆が芽生え、その絆は終生続くことになる。そして交尾から約2カ月後に雌が出産する。これによって2頭は最も基本的な形の群れをつくりだしたことになり、彼らは群れのリーダーで繁殖するアルファのつがいとなる。

オオカミの群れにはそれぞれ特徴がある。オオカミの再導入後、イエローストーン国立公園で自然に形成された最初の群れは、レオポルド群と呼ばれていた（名称の由来については123頁参照）。この群れの歴史は同公園所属の生物学者、ダグ・スミスとマシュー・メッツによる「イエローストーン・オオカミ報告書2008」に記録されている。この報告書には、オオカミの群れの動態に関する優れた事例研究が収められている。レオポルド群が形成されたのは1996年。7Fという識別記号のついた雌が、2Mと呼ばれる雄と出会ったところから始まった。このペアはそれから7年連続（きわめて長い夫婦関係だ）で子どもを産む。そして、この子どもたちの多くが他の群れの創始者となった。

アルファ雌の7Fが2002年に死んだとき、つがい相手の2Mのもとに新たな雌が現れてまた繁殖するだろうと考えられていた。しかし予想に反して、よそからやってきた534Mと呼ばれる雄が群れにうまく入り込み、リーダーの2Mを追い出して、レオポルドの娘のうちの1頭、259Fとつがいになったのである。群れを去った2Mは何頭かの子どもを連れて放浪生活に入るが、それ以外の家族たちは新しいリーダー夫婦のもとに留まった。259Fが死ぬと、今度は2Mとともに群れを離れた雌の1頭が戻ってきて、新たなアルファ雌となった。スミスとメッツは、この群れを「イエローストーンで最も安定した群れ」と呼んでいた。その群れにしてこの流動性だ。新しい発見はさらに続き、オオカミに関する知見は日々更新されている。

繁殖をするアルファが新たに現れる、他の群れの子どもを養子にする、王位を簒奪《さんだつ》する――これらが遺伝子プール［訳注：互いに繁殖可能な個体からなる集団が有する遺伝子全体］をかき混ぜ、その地域のオオカミ全体の健全性を保っている。一方、遺伝子の混合ができないオオカミは、近親交配という危険を冒すことになる。五大湖の1つ、スペリオル湖に浮かぶロイヤル島のオオカミの話は有名だ。遺伝子的に孤立したオオカミたちがどうなるかがよくわかる例である。

1949年、ある繁殖ペアが島にやってきた。この年は特に寒さが厳しく、このペアはカナダから凍結した湖を渡ってきた。それ以降、よそからロイヤル島に新たに移住してきたオオカミはいない。しばらくは、群れの健康状態に問題はないように見えた。だが、この10年のあいだに神経麻痺性の骨の形成異常が表面化し、50頭以上いたオオカミが、一気に10頭ほどに減ってしまったのだ。

このロイヤル島の事例は、オオカミの復活プロジェクトに1つの警告を与えている。私たちがここならオオカミを導入してもよいと考える地域はばらばらに点在しているが、そんな孤立した地域のここに1群れ、あちらに1群れというように放したのでは、オオカミの種の存続は期待できないということだ。人間が開発した海に浮かぶ島のような地域には、本当の島と同じ遺伝的危険が潜んでいる。特に、ここにハンターという要素が絡むと、あるグループから別のグループへ移動しようとするオオカミが目的地まで到達できない確率が高くなり、それぞれのグループの孤立はさらに深まる。つまり、遺伝子プールの大きさが十分でなく、地理的に連続していなければ、その地域全体のオオカミの健全性が脅かされることになるのだ。

群れの序列と絆

理論的には、どんなオオカミでも親になればアルファになることができる。けれども、私たちの経験によれば、一部のオオカミには特別に強いアルファ欲求があるようだ。ソートゥース群のカモッツは、一緒に生まれたきょうだいの中では明らかに最も大胆だった。わずかな期間だが、カモッツは年上の雄となわばりを共有していたことがあるが、幼いころから彼は群れの仲間よりも頭と尾を高く掲げて、優位にあるオオカミらしい歩き方をしていた。他のオオカミから挑戦らしい挑戦をまったく受けることなく、カモッツはあっさりとアルファの地位をものにしてしまったのだ。

群れのオオカミたちはみな、カモッツに敬意を表し、行動や姿勢、声で服従を示した。カモッツに近寄るとき、下位のオオカミはいつも腰を落として尾を下げ、彼の口元を舐め、小さな声でくんくん言っていた。基本的に、カモッツが群れのメンバーに対して攻撃的になることはなかった。そのため下位のオオカミたちに恐怖心はなく、彼らは敬意のこもった服従を示し、カモッツの地位を明確に認めていた。

その一方で、カモッツ以外のメンバー間の争いは、往々にしてオメガのラコタに転嫁された。例えば、カモッツが食べ物をめぐって自分の優位性をアマニに示すと、アマニはしばしばラコタのもとに行って、今度は自分の優位性をラコタに誇示するといった具合だ。時には荒っぽく見えることもあるが、優位性と服従を示すのは、群れの秩序や結束、調和を維持するための儀式化した手段なのである。

ソートゥース群について語るとき、社会的な序列とともに絶対に省けないのは、そしてオオカミを理解する上で決定的な要素となるのは、群れのメンバー同士の固い絆である。群れの中で攻撃行動が1つ目撃されれば、その10倍の愛情を示す行動が観察された。鼻を突き合わせて挨拶し、肩を並べて一緒に歩き、尾を振り、仲間と一緒にいられて本当に嬉しいという顔をするのだ。

群れの第1世代の1頭がピューマに殺されたことがある。そのとき、群れの行動が激変した。その事件が起こるまで、彼らは毎日、草地で追いかけっこやおもちゃの取り合いといった遊びをしていた。ところが、その事件が起こってから6週間、まったく遊びが観察されなくなったのだ。彼らは魂が抜けてしまったかのようだった。普段は至るところで連帯感が表現されていたが、この間、オオカミたちは仲間から離れてなわばりのあちこちに散らばり、他のメンバーとの交流をできるだけ避けていた。そして、襲撃の起こった場所をしばしば訪れ、黙って地面の匂いを嗅いでいた。いつもは元気いっぱいの遠吠えも、陰鬱で悲しみに沈んでいた。しかも、1頭1頭単独で遠吠えするのだ。私たちの目には、彼らが群れの仲間を偲《しの》び、喪に服しているように見えた。

アラスカでオオカミを撮影するとき、友人でオオカミ専門の生物学者である故ゴードン・ヘイバー博士が私たちのガイドを務めてくれた。彼は、1966年にこの分野のパイオニアであるアドルフ・ムーリー博士から、アラスカのデナリ国立公園のトクラット群の研究を引き継いだ人物だ。ヘイバー博士の研究の中核となっていたのはオオカミ「家族」の社会動学で、その手法は非常に価値のある、尊敬に値するものだった。

博士はオオカミについて話すとき、「家族」と遠吠えを最初に始めるのは、多くの場合カモッツだった。群れの他のメンバーたちは、すぐにその仲間に加わった。

いう言葉をよく使った。群れのメンバーの献身的な愛情と連帯感の証拠として、博士は私たちにある雄の頭蓋骨を見せてくれた。ヘラジカかカリブーに蹴られたのだろうか、その骨の顎の部分には骨折の跡があった。怪我は治癒しており、このオオカミは怪我を負ってからも数年生きていたという。このような怪我をしたら、しばらくのあいだ狩りをすることも固形物を食べることもできなかったはずだ。群れの仲間が面倒を見てやらないかぎり、このオオカミが生き残れる可能性はない。子オオカミにしてやるのと同じように、仲間が食べ物を吐き戻してやっていたのだろうか。他のオオカミたちにとっては、彼の世話をする実利的な理由はない。だが、彼は自分たちの仲間であり、絆で結ばれた群れの一員であり、家族なのだ。とても見殺しになどできなかったに違いない。

ヘイバー博士が撮影した記録ビデオには、こんな感動的な場面もある。1歳の雌のオオカミが、生まれて4カ月の弟をなだめすかして、浅い川を渡らせようとしている。途中まで渡った弟が恐怖のあまりその場で凍りついてしまうと、姉は川に跳び込み、おどけたように前足で水をばしゃばしゃと跳ね上げる。子オオカミは元の岸まで退却してしまうが、姉は根気強く促し続ける。そしてついに弟は勇気を振りしぼり、足元を選びながら川を渡る。姉は尾を振り、舐めてやりながら弟を迎える――。興味深いのは、子オオカミに自信をつける仕事を引き受けたのが、親ではなくてきょうだいだという点だ。人間と同様、お兄ちゃんやお姉ちゃんに「見て、こんなことできるんだよ」と言われると、やる気が出るのかもしれない。

オオカミの社会的な絆が最も明確に表れるのが群れの集会だ。集会では、群れが一斉に遠吠えをする。自然界で最も神秘的で感動的な出来事の1つだ。集合の合図であり、なわばり宣言であり、群れの連帯感の表明であり、生きていること、一緒にいることを言祝《ことほ》ぐうたでもある。

ソートゥース群では、たいていカモッツが最初に遠吠えを始めた。彼が頭を高くそらし、目を閉じ、鼻先を大空に向けて最初の美しい調べを放つと、その吠え声が伝染性の条件反射的な衝動のようなものに火をつける。そして全員がカモッツの周りに集まり、夢中で彼の身体を舐めたり、キャンキャンくんくん言ったり、うなったり、尾を振ったりする。やがて、うたが彼らの体内から湧き上がり、全員が大きな声で力強く歌い始めるのだった。

なわばり、移動、分散

個々のオオカミには社会が必要であり、オオカミの社会には領土が必要である。お互いが絆で結ばれているのと同じように、彼らは自分たちのなわばりに対しても強い愛着を持っている。彼らはその土地をよく知っている。そこに住む動物たちについてもよく知っているし、その狩り方もよく心得ている。彼らの生死は、そのなわばりにかかっているのだ。

オオカミの群れのなわばりの広さについては、特に標準となるサイズがあるわけではない。ミネソタ州の6頭の群れは、わずか33㎢のなわばりの中でしっかり生活していたし、アラスカのデナリ国立公園には、10頭で4,385㎢もの土地を独占する群れもいた。重要なのは、そのなわばりで暮らしが立てられるかどうか、つまり獲物がいるかどうかということだ。そのほかにも関わってくる要素はさまざまある。例えば、近くにほかの群れがいるか、人間からの圧力はどの程度か、どんなタイプの獲物がいるかといった点。さらには、地形そのものも関係してくる。

健全なオオカミの集団が複数存在する場所では、隣り合う群れ同士の間に、なわばりの重なり合う緩衝地帯ができている。この中立地帯のおかげで、異なる群れ同士が顔を合わせたり、トラブルを起こしたりする機会が減るのだ。だが、人間の場合と同じように、オオカミの社会でも拡大主義、ひいては他人の富を奪取したいという強い欲求が幅をきかせる場合もある。実際、他のなわばりの征服を狙って、ある群れが隣の群れを意図的に襲ったという記録も数多く残されている。

一方で、交友関係によって紛争が緩和される場合もある。既存の群れから飛び出してきたものたちによって新しい群れが形成され、近くに新しいなわばりを構えることはよくある。そんなオオカミたちが、元の群れにいる両親や弟妹たちと旧交を温めるために里帰りする様子も観察されている。彼らはどうやら昔の家族との絆を忘れないらしい。このことが、実際に複数の群れの平和的な共存に貢献しているようだ。

生まれた群れを去った若いオオカミを、「ディスパーサー(分散者)」と言う。生後2年目を迎えた若者の多くは、繁殖したいという欲求にとらわれる。この欲求が非常に強いものが群れを離れるのだ。彼らはまさに一匹狼となるわけだが、単独でいるのはそれほど長い時間ではない。季節を問わず、若い雄や雌が別のなわばりの中を通過する、あるいはまったくオオカミの存在していなかった土地にまぎれ込む——そうして出会ったオオカミたちが、これまで住んでいた場所の近くでつがいとなり、やがて元の群れのそばに新しいなわばりを確立する。

また、新しい土地を切り拓くパイオニアとなるディスパーサーもいる。その気になれば、オオカミは時速8kmほどで楽々と走り続けることができる。彼らは来る日も来る日も、ほかに同じ境遇のオオカミがいないかどうか、木にしるされたマーキングの痕跡を確かめながら走り続けるのだ。例えば、アイダホ州にオオカミが再導入されてからわずか4年後の1999年、オレゴン州で最初のオオカミが目撃されている。250kmも離れた場所だ。当時、オレゴン州にはオオカミは生息していなかった。しかし、その個体は何かの衝動に突き動かされてやってきたのだろう。もしかすると、新しいなわばりで繁殖相手を見つけたいと思っていたのかもしれない。さらに数年後には、つがいのオオカミが目撃されるようにもなった。

2011年には、発信機付きの首輪をつけたOR-7という雄がオレゴン州北東部にいた群れを離れ、南を目指し始めた。そして、カリフォルニア州で87年ぶりに目撃された記念すべきオオカミとなる。翌2012年には、彼は州境を越えてネヴァダ州に入り、再び歴史的な偉業を達成しかけた。だが、彼は踵《きびす》を返し、オレゴンに戻ってしばらく過ごすと、はるばるカリフォルニアへと再び向かった。1,600kmを優に超える旅だが、その移動距離はさらに増え続けている。彼の冒険は、単独のディスパーサーが群れの遺伝子をまったく新しい土地にどれくらい広げられるかを如実に物語っている。

子どもへの愛

オオカミにも実にさまざまな性格のものがい

群れから離れたオオカミは、雄も雌もディスパーサーと呼ばれる。まさに一匹狼となるわけだが、単独でいるのはそれほど長い時間ではない。

るが、1つだけ、どんなオオカミにも共通する特徴がある。子どもを猫かわいがりし、甘やかして、どんな要求にも必ず応えてやるところだ。ソートゥース群では、大人たちが骨を持ってきて子どもたちにプレゼントしていた。オオカミの子どもに対する献身的愛情が、人間のそれと変わらぬ強さを持っているのは確かだ。

子どもが生まれるのは通常、冬が終わって春になりかけたころ。北米では3月末から5月初旬にかけてだ。一般的に、1腹4頭から6頭の子を出産する。生まれたばかりの子オオカミは目が見えず、歯も生えていない。かろうじて這い回ることができるくらいで、母親が彼らのために掘った巣穴の中で安全に守られている。同じ巣穴を何代にもわたって群れが使い続ける場合も多い。

子どもが生まれると群れのオオカミたちはみな大騒ぎするが、生後2、3週間のあいだ、赤ん坊と接するのは母親だけである。チェムークがソートゥースで出産したときには、群れの全員が巣穴の外に集まり、興奮でぶるぶる身を震わせながら、首を傾け、下のほうから聞こえてくる「きゅうきゅう」「くんくん」という鳴き声に聞き入っていた。しかし、どのオオカミも――カモッツでさえ――あえて中をのぞこうとはしなかった。巣穴はチェムークだけのものだったのだ。

3週間もすると、子どもたちはもぞもぞと動き回り始め、巣穴から首を出して外をのぞくようになる。きょうだいや叔父叔母たちとの対面のときだ。それから間もなく、食事から帰ってきた年上のオオカミたちは子どもたちの嵐のような騒ぎに出迎えられるようになる。子どもたちはくんくん鳴いて大人の口元を舐めまくる。すると、大人たちは反射的に食べたものの一部を吐き戻す。半分消化されてどろどろになったこの肉を、子どもたちはがつがつと夢中で食べる。前述のように、まったく血縁関係のない大人でも、このように自分の利益を犠牲にする行動を見せる。幼いものに食べ物を運んで与えるというのは、オオカミが生まれつき持っている習性なのだ。

この段階になると、時に1頭の比較的若い大人が子守の役目を引き受けるようになる。これにより、母親も獲物を探しに出かけることができるようになる。何と言っても彼女はアルファ雌なのだ。多くの場合、最も経験豊かなハンターでもある。

子どもたちの傍若無人なふるまいに対して、大人のオオカミは無限とも言える辛抱強さを発揮する。ソートゥース群を観察していて最初に驚いたのは、いつもならすぐに癇癪《かんしゃく》を起こすアマニが、1頭の子には尾に咬みつかれながら、あとの2頭には両方の後肢をかじられながら、これ以上ないほど幸せそうな顔をして草むらの中をよろよろ歩き回っている姿を見たときだ。このような辛抱強さ（甘やかしと言ってもよい）は、繁殖をしないアマニのようなオオカミによく見られる行動だ。自分の子ども以外に対してこれほどの愛情を示すのは、非常に社会性が強く、家族を大切にする動物だけだ。群れのオオカミは、仲間を助けたい、家族を守り維持したいという強烈な衝動を持っているのだ。

気温が高くなってくると、子どもたちは巣穴から安全な場所に移される。合流場所だ。群れが狩りに出ているとき、少なくとも1頭が残って、眠ったり遊んだりしている子どもたちの保護者の役目を引き受ける。そして、狩りを終えた大人たちが運べるかぎりの獲物の肉を持って合流場所に戻ってくると、子どもたちは食べ物をめぐって本能的に競い合う。こうして子どもたちの中での優位性と服従の関係が確立されていくのである。

子どもたちは、いつまでもこの合流場所に留まっているわけではない。生後わずか12週で彼らは群れの仲間とともに歩き回るようになるのだ。彼らは狩りをする年上のオオカミたちの後をついて歩き、そのやり方をじっと観察する。そして、まだ自力で生きていけるだけのスキルは身についていないが、仲間と一緒に獲物を直接食べるようになる。子オオカミはお腹いっぱいになるまで食べ、最大限のカロリーを摂取することが必要だ。そのため彼らの両親であるアルファのペアは、下位のオオカミたちを威圧して、子どもたちが満腹になるまで場所を確保してやる。オオカミの群れは家族単位なので、この行動は、両親が育ち盛りのいちばん幼い子どもたちに配慮してのことだと解釈できる。

このようにオオカミが強迫観念的なまでに子どもの世話をするのには、理由がある。雪解けのころ生まれた子どもたちは急速に成長し、約7カ月後の秋には大人とほとんど見分けがつかなくなるが、冬が来る前に大人と同じ大きさになれるかどうかが彼らの生死を分けるのだ。そのため彼らは加速度的に体重を増やしていかなければならない。しかし、この大事な時期に十分に食べられないと、餓死したり、弱って病気にかかりやすくなったりする。実際、大人のオオカミになるのは半数にすぎないという。

狩りの授業

大人のオオカミは齧歯《げっし》類などの小動物を食べて生きていくこともできる。では、なぜオオカミたちは群れで狩りをするのだろうか？　その理由は子オオカミにある。幼いオオカミたちは自分で獲物を狩ることができない。したがって、大人が彼らの分まで食糧を持ってきてやらなければならない。そのためには、1頭ではとても捕まえられないような大型の獲物を倒す必要がある。チームワークがあれば、みなで良い思いをすることができるというわけだ。

狩りのリーダーを務めているのはアルファだとよく言われる。だが、これはアルファが狩りの群れの先頭に立って命令を下しているという意味ではない。群れや狩りに関する知識を蓄えておくのがアルファなのだ。年齢が高く経験豊富なハンターであるアルファは、どんな獲物を追えばよいか、どこに行けば見つかるか、捕まえるのに最適な方法はどれかを熟知している。1歳に満たないオオカミたちも、鼻息荒く、やる気満々でついていくが、実際にはほとんど役に立たない。しかし、経験を重ねるごとに貢献度は増していく。こうして若いオオカミたちは、堅実な狩人になるための技術だけでなく、狩りの条件や獲物のタイプ、戦略など、さまざまなことを学んでいく。つまり、群れが持つ狩りの文化を体得していくのだ。

狩りをするオオカミが実際、どの程度戦略をめぐらせ、協力し合っているかについて、科学者たちは学術的な場ではあまり意見を述べたがらない。けれども、ある特定の戦術を利用して、1つの軍団としてまとまって協力し合うオオカミの群れを観察したことがある、と喜んで語ってくれる研究者は多い。

私たちの友人でもあるゴードン・ヘイバー博士は、彼が目撃したさまざまな狩りの方法について話してくれた。そして、オオカミたちが天候や地形、獲物の行動に応じてどのように戦略を変更するか、詳しく説明してくれた。彼が研究する有名なトクラット群は、アラスカのデナリ国立公園内の急な岩場でドールシープ［訳注：北米の山岳地帯に生息する野生の羊］を狩ることがよくあった。博士の観察では、オオカミたちは必ず先に斜面を登って上から攻撃を仕掛けていた。斜面を登る能力はドールシープのほうがはるかに優れている。だから、山の上に向かって走ればやすやすとオオカミから逃げることができる。そこでオオカミたちは、彼らがこのような逃避行動を取ることを予想するようになり、その逃げ道を断つような攻撃を編み出したのだ。時には、まる2日も待って攻撃を仕掛けることもあったという。

『オオカミとともに：ゴードン・ヘイバー博士の研究と生活』には、オオカミの持つ技と体力に対する博士の驚きが、次のように描かれている。読者のみなさんもきっと共感するだろう。

> 私はこの目が信じられなかった。トクラットのオオカミたちが、文字通り空を飛んでいる。四肢をぐっと踏ん張り、凍った細い岩の割れ目を直滑降しているのだ。高く上げた尾を前後に振ってバランスを取っている……別の方向から追いかけてくる数頭のオオカミたちから逃げようとしているドールシープの行く手を、上から遮ろうとしているのだ。その3頭はフルスピードで、尖った高い岩の尾根の向こう側から弾むように現れた。そして一瞬のためらいも見せず、凍った岩の割れ目に飛び込んで――明らかに「飛ぶ前に見て」はいない――垂直に急降下してきたのだ。

アラスカのオオカミを何十年も研究してきたヘイバー博士は、ほかにもたくさんの独特な狩りの戦略を目撃している。夏に繰り返し見られたのは、水の干上がった河床にカリブーの群れを追い込むやり方だ。ひづめのある動物は、丸石の上をスムーズに走ることができないのだ。また、冬になり雪が深く積もると、カリブーは一列縦隊で踏み固められた道を移動する。オオカミたちは、その列のすぐ後ろにぴったりと張りついてついていく。やがて、最後尾のカリブーはオオカミたちの存在に耐えられなくなって落ち着きを失う。ついにはパニックを起こし、列の前方に上がって行こうとする。オオカミたちはその時を辛抱強く待つのだ。前に行こうとするカリブーは、踏み固められた道を離れ、ジャンプしながら深い雪を漕いで行かなければならない。そうするうちに弱いものが疲れて雪にはまり込み、立ち往生する。オオカミたちは、そうなるのをじっと待って包囲網を狭め、カリブーを倒すのだという。

オオカミにとって理想的な狩りの条件が整っていても、強く健康なカリブーやヘラジカなどの被捕食者は、相当高い確率でオオカミの群れからうまく逃げおおせる。オオカミは「必殺の殺し屋」と言われるが、それは誤りだ。オオカミにとっても、狩りは困難で危険なものなのだ。ヘラジカやワピチに蹴られれば、オオカミの顎など粉々に砕けてしまう。だからオオカミたちは、まず動物たちを試す。時には元気な盛りの雄のワピチを狙うこともあるが、だいたいはもっと容易な獲物――傷ついていたり病気にかかっている個体、幼い個体、年老いて弱った個体――を探す。そのため、最も強いもの、速いもの、健康なものが生き残る割合が高くなる。オオカミは、他の動物たちのあいだに病気が蔓延するのを防ぎ、遺伝的な欠陥が彼らの次オオカミが生きていくためには、コミュニケーションとコラボレーション（協力）を学ばなければならない。群れの年長者は、若いオオカミに狩りの戦略や技を伝えていく。

の世代に受け継がれる可能性を低く抑えているのである。太古の昔から、シカに身軽さを、ワピチに威厳ある優雅さを、バイソンに力強さを授けてきたのはオオカミなのだ。

遊びの時間

オオカミや犬などのイヌ科動物が、こんな姿勢をするのを見たことはないだろうか。頭を低く下げ、前肢を広げて突っ張り、尻を持ち上げて、尾を左右にぱたぱたと振る。見ればそれとすぐわかる。これは相手を遊びに誘う姿勢、プレイ・バウだ。どんな年齢のオオカミでも、この誘いには喜んで応じる。

あらゆることがゲームのきっかけになる。ゴードン・ヘイバー博士によれば、「たっぷりな食事は、一生懸命働いたご褒美、楽しい出来事だ。オオカミたちが再び狩りに出かける前の1日か2日のあいだ、食事のみならずほとんどすべてのものが引き金となって、エネルギッシュな遊びが始まる」という。

ソートゥース群では、食後のお祭りのほかに、大雪がオオカミたちの気分を高揚させる様子も見られた。ゲームを始めるのは、多くの場合オメガのラコタだった。ぴょんぴょん飛び跳ねてから、ひょいと身をかがめてプレイ・バウの姿勢を取り、自分を追いかけてくれとカモッツやマツィを誘っていた。驚いたことに、ラコタを追いかけた後、序列の高いオオカミたちが向きを変えて、今度はラコタに自分を追いかけさせることもよくあった。人間の家族で、大きなお兄ちゃんがレスリングで弟にわざと負けてやるような感じだ。どちらも、ごっこ遊びだというのは承知の上だ——しばらくのあいだは通常のルールは棚上げ。ラコタが純然たる喜びを感じる瞬間だった。

追いかけっこ以外でオオカミたちが大好きなのは、ものを使った遊びだ。小枝、骨、毛皮の切れ端など、何でもよい。珍しいものはとりわけ魅力的だ。連邦内務省魚類野生生物局の職員が訪問したときのこと。その職員がうっかりカメラを地面に置き忘れた。カモッツとその仲間たちは案の定、そのカメラで遊び始めた。新しいおもちゃを手にしたオオカミは、誇らしげに跳ね回ったり、空中に放り投げて受け止めようとしたり、仲間に見せびらかして奪い取らせようと誘ったりした。2、3頭の犬が棒やボールで遊んでいる姿を見たことのある方なら、きっと馴染みのある光景のはずだ。だんだんカメラは部品がはずれていき、ついにはプラスチックと電線の小さな塊になってしまった。そうやってオオカミたちは、その日の午後いっぱいカメラで大いに楽しんだのである。

もう1つ、強い執着心を誘う妙なものがあった。特に若いオオカミたちに顕著なのだが、似たような行動がイエローストーンでも記録されている。オオカミたちは氷が大好きなのだ。冬、池が凍ると、オオカミたちは透明な表面の下を動く泡をうっとりと見つめている。かと思えば、跳びついて泡に咬みつこうとしたり、氷の上を前肢でぴょんぴょん跳びはねたりする。そして、ついには氷が割れてしまう。すると今度は、氷の板をくわえて放り投げる。まるで、しゃりんと割れる氷の様子や音を楽しんでいるかのようだった。オオカミにとって氷がどれほど不思議なものか想像してみると、こんな感じだろうか。固いのに、半透明で、壊れやすい。それは、魔法のように一夜のうちに現れ、けれど簡単に粉々になって消えてしまう——。

当然ながら、若いオオカミのほうがよく遊ぶ。特に巣穴から出たばかりの子どもには、遊び以外にすることがほとんどない。多くの生物学者が述べているとおり、子どもは遊びを通じて筋肉を鍛え、身体の各部分の協調を図り、狩りに役立つ技術を磨く。さらには、子どもたちの中での自分の順位を確立することにもなる。

では、大人のオオカミも遊ぶのはなぜなのだろう？　生物学者のマーク・ベコフは、犬同士が遊んでいるところを観察していたときに、一方が攻撃的になりすぎると、遊びが突然終わってしまうことに気づいた。犬にとってもオオカミにとっても、また人間その他の社会性のある動物にとっても、ルールは共通である——信頼していない相手と遊ぶことはできない。大人のオオカミは遊びを通じて相手とリズムを合わせ、調和を維持しているのだ。グループで暮らし、狩りをする動物にとって、信頼の基礎が築かれていることは非常に重要なことなのだ。

断たれた絆の果て

もしオオカミと共存しようとするならば、私たちはオオカミの世界についてもっと正確に理解する必要がある。この動物をどのように捉えるか、どう扱うか、どう管理していくか、その指針が必要だからだ。オオカミは、目にするすべてのものを反射的に追いかけて殺すロボットなどではない。特定の土地に根づいた社会の中で生きており、行動パターンを進化させ、それを世代から世代へと受け継いでいく。端的に言えば、オオカミには文化があるのだ。その文化が破壊されると、常軌を逸した予測不可能な行動が増えてくる。

ドールシープを狩っていたアラスカのトクラット群は、その典型的な例である。群れのなわばりの大部分はデナリ国立公園の中にあったが、目には見えない公園の境界線を越えて外にも広がっていた。一方、地元のハンターたちは、法的に認められた範囲内で殺せるオオカミはすべて殺してきた。そして2005年、アルファ雌がわなにかかり、つがいのアルファ雄も撃ち殺される。残った群れはわずかに6頭。しかも若いオオカミばかりだった。

取り残された彼らの狩りの能力は、ドールシープのように逃げが巧みな獲物を捕まえられるほど熟練してはいなかった。その結果、断崖でドールシープを狩るという、10年にわたって続いたトクラット群の伝統と特殊技術が失われてしまった。アルファ・ペアの死によって、何世代も受け継がれてきた知識と経験が消滅してしまったのだ。また、彼らは群れのなわばりの境界がどこまで広がっているか、まだよく覚えてもいなかった。結局、生き残った若いオオカミたちは、なわばりのごく一部にひきこもり、カンジキウサギを捕らえてなんとか生き延びたのだった。

ほかにも、オオカミの群れの崩壊がどのような事態をもたらすか観察している人たちがいる。2010年6月発行の『ニューサイエンティスト』誌に掲載された「オオカミ家族の有用性」という記事の中で、サイエンス・ライターのシャロン・レヴィは、遺伝学者のリンダ・ラトリッジが報告した、人に狩られるオオカミとそうでないオオカミの差について考察している。カナダのオンタリオ州に位置するアルゴンキン州立公園の周囲では、1世紀以上にわたってオオカミ狩りが法的に認められていた。その期間にその地域で死んだオオカミの死因の3分の2は、ハンターによるものだった。しかし2001年にオオカミ狩りが禁止されると、研究者たちは、多くの群れの社会的構造が顕著に変化してきたことに気づいた。

オオカミ狩りが合法だった当時は、それにより群れの崩壊が起こり、家族の結束が瓦解していった。生き残ったオオカミたちは仲間を求め、小さなグループをつくったが、その多くは血縁関係のないもの同士の集まりだった。その結果、つながりのゆるい、ギャングのような疑似的な群れができていたのだ。

ところが、オオカミ狩りが行われなくなると家族の結束が戻ってきた。それは、以前はほとんど見られなかったヘラジカの補食が劇的に増えたことからも明らかである。ヘラジカは、シカよりもはるかに食いでがあるが、倒すのはずっと難しい。ヘラジカの補食が増えたということは、安定した家族——親たちが死なずに子どもたちに十分教育を施せる家族——が生まれたおかげで、優れた狩りの能力を持つオオカミが増えたということを意味しているのだ。

私たちは人間だから、家族の3分の2を失ってしまう悲劇がどんなものか、よく理解できる。戦争で国が荒廃すると、教育も受けられず情緒に支障をきたした孤児たちが残される——そんな悲惨な負の遺産を、私たちはこれまで目にしてきた。また、動物の社会を繰り返し破壊することで何が起こるかを示す証拠にも事欠かない。最も典型的なのはゾウの例だろう。ゾウはオオカミに負けず劣らず知性があり、社会性が強く、家族を大切にする動物だ。

アフリカ、インド、東南アジアでは、象牙を取るために密猟者が日常的に大人のゾウを狙っている。結果としてゾウの家族は崩壊し、幼いゾウは必要不可欠な社会的絆を奪われる。すると、草を食べる場所や移動のルートといった群れに伝わる知識も失われる。密猟が盛んに行われている地域では、群れを失い性質の荒くなった離れゾウ（特に未熟な雄）が始末に負えなくなっている。他の野生生物を襲う、ゾウ同士で攻撃し合う、村に侵入して暴れ回る、作物を荒らす……。時には人の命が奪われることすらある。ゾウを研究する生物学者によれば、これはゾウ文化の完全なる崩壊だという。

オオカミには、ゾウほど深刻な被害を引き起こすことは不可能だ。しかし、先見性の欠如した私たち人間が、オオカミの群れの社会的構造と蓄積されてきた知識を崩壊させると、生き残ったオオカミは無軌道な、正常では考えられない行動を取るようになる。人間によって世界を大きく変化させられてしまったオオカミは、もはやオオカミらしい行動ができなくなってしまうのだ。そして私たちは、自分たちが創り出した問題の責任をオオカミになすりつける。

私たちが歩を進め、オオカミと共存していくためには、オオカミの扱い方に、私たちが正確に理解していることを反映させなければならない。オオカミは孤独な生き物ではないし、オオカミの群れは知らないもの同士が何となく寄り集まった烏合の衆でもない。オオカミは仲間を大切に思っていて、大人になっても一緒によく遊ぶ。また、みんなで協力して子育てをし、傷ついた仲間の面倒も見る。群れのメンバーを失えば、オオカミたちは苦しみ、その死を悼む。実際にその証拠もある。私たちがオオカミを見るとき、私たちは1つの氏族——大きな家族、それぞれの住まう土地、歴史、知識、そして文化までを含む——を見ているということを忘れてはならない。

新しい子どもたちが自分たちを取り巻く世界を探検して歩くようになると、中位の雄アマニは子どもたちに特に強い興味を示した。彼は、新しくやってきた子どもたちを新たな遊び友だちと考えているように私たちには見えた。

そして、まだ寒さの厳しい夜、

彼が鼻面を星に向け、

長々とオオカミのように遠吠えをするとき、

声を上げているのは彼の祖先たちだ。

彼を通じて、もう死んで塵となってしまった祖先たちが、

鼻面を星に向け、何世紀もの時を超えて遠吠えをしているのだ。

ジャック・ロンドン『野性の呼び声』

繁殖期になると遠吠えが増える。ソートゥース群では、遠吠えの始まるきっかけとなるのは、たいていアルファであるカモッツの哀調を帯びた長い吠え声だった。それが響くと森全体がすっと沈黙するように感じられた。そこに群れの他のメンバーたちが加わり、コーラスは徐々に熱を帯びていった。

野生のオオカミを目撃できる場所は非常に少ない。だが、1995年に再導入されたイエローストーン国立公園では、今や年間15万人もの人々がオオカミを見るためにこの公園を訪れている。これが地元に与える経済効果は3,500万ドルに上る。

私が常に主張してきたのは、
最善のオオカミの生息環境は
人間の心の中に存在するということです。
あなたの心の中にも、ほんの少しだけ、
彼らの住むスペースを残しておいてください。

エド・バングズ
（連邦内務省魚類野生生物局北部ロッキー山脈オオカミ復元コーディネーター）

次頁：私たちの目標は、科学者として観察することではなく、同じ社会を共有するパートナーとしてオオカミの生活を見つめることだった。オオカミと人間が真の絆で結びつくためには、人間がオオカミを子どものときから育て上げる以外に方法はない。ひとたび絆が確立すると、オオカミたちは、自分の群れの仲間がそばにいることを許すのと同じように、その人間がそばにいることを受け入れる。

84、85頁：子オオカミは、大人の耳をかじったり、背中に飛びかかって攻撃のまねごとをしたりしてじゃれつく。子どもたちの間にも生後2、3年のうちに序列が形成され、維持されていく。

野牛の群れの傍らには必ず狼あり。
野牛が動けば狼どもも後を追い、
たまさか死んだもの、
あるいは動きが緩慢なもの、
腰が弱く群れから遅れたものあれば、
これを食らう。

ウィリアム・クラーク大尉。
ルイス＝クラーク探険隊の日誌より（1804年10月20日）

オオカミ同士の交流を観察していると、大昔、オオカミを崇める文化が数多く存在していた理由がよくわかる。特に狩猟社会では、オオカミの狩りの技を高く評価し、時にはそれをまねることもあった。捕食者としての人間とオオカミは、どちらもその能力に限界がある。そのため、狩りを成功させるためには仲間同士で協力し合う必要があるのだ。

群れのすべてのオオカミがアルファ・ペアの間に生まれた子どもたちに対して献身的で、子どもたちが丈夫に育ち、有益なメンバーとして群れに加われるように心を配る。自分の子ども以外に対してこれほどの愛情を示すのは、非常に社会性が強く、家族を大切にする動物だけだ。オオカミは、子どもに対して絶対的な愛情を抱いている。ここに、群れへの献身度合いが最もよく表れている。

これは自分の力でうまく処理できる、
これは手をつけずにおいたほうがよい、
と判断する際に、この肉食動物はいつも、
まったく人知の及ばないような洗練された巧みさを見せる。
このようなことが可能なのは、生まれ持った能力が、
見習い生活を通じて効果的に調整され、発達してきたからだ。
そして、能力のあるものでなければ、
生き残ってこの見習い生活を修了することはできないのである。

ダーウォード・L・アレン『ミノンのオオカミ』

前頁：大人のオオカミ同士は食べ物をめぐってケンカをすることもしばしばだが、性的成熟が始まる以前の子オオカミには、まったく争うことなく食べ物を譲ってやる。だが、性的成熟が始まった若者は、大人に交じって競争に参加しなければならない。こうして若者は、大人の序列の中で自分の位置を見つけていく。

前頁：オオカミの感覚はいずれも鋭いが、なかでも発達しているのが嗅覚だ。その能力は人間の約100倍と言われている。その強力な鼻を使って、オオカミは数km離れたところにいる獲物の匂いを嗅ぎつけることができる。

下：オオカミにとっても、狩りは困難で危険なものだ。ヘラジカやワピチに蹴られれば、オオカミの顎など粉々に砕けてしまう。

昔からオオカミを目にする者はいたが、
しっかりと見つめてきた者はいなかった。
数を減らしたオオカミたちは人目を避けるようになり、
その行動は観察されるのではなく、
勝手な解釈を加えられるようになった。
だが近年になって、彼らは夜の闇から顔を出しつつある。

ポール＝エミール・ヴィクトール『オオカミの帝国』

94頁：クマにはパワーが、ピューマにはかぎ爪や牙があるが、オオカミはそのようなものを持っていない。だから、食糧を手に入れるためにはチームワークが欠かせない。獲物を倒すときの群れは、まるで暴徒化した集団のように見える。これがオオカミの評判を悪くする原因の1つだ。だが実際には、これはグループ全員の力をうまく調和させた熟練の技であり、賞賛に値する共同作業なのだ。

95頁：ラコタが食事の順番を待っている。オメガであるラコタは忍耐強く待ち、残り物で我慢することが多かった。

前頁：ラコタはきわめて遊び好きなオオカミだった。雰囲気を盛り上げて群れのメンバー全員を楽しい気分にさせるのはお手の物。まるで王様のお抱え道化師のように、仲間をよく遊びに誘っていた。

オオカミは、人間が自然を征服しようとし始める以前の時代を
完璧に象徴するものではないだろうか。
彼らは、人間が提示するあらゆるものに対するレジスタンスである……
彼らは、自由で、野性にあふれ、飼い慣らされず、
危険な存在であり続けている——
彼らが、私たちの存在や生存に対する現実的な脅威でなくなって久しい。
にもかかわらず、私たちはいまだに、彼らが自由で野性にあふれ、
危険な存在として世にはびこっていると言って彼らを非難し続け、
彼らを抹殺しようとあらゆる努力を重ねている。

デイトン・ダンカン『国立公園：アメリカ最高の発想』

どの年齢のオオカミにとっても遊びは非常に重要だ。遊ぶことで、鬱積したエネルギーを発散したり、身体的な技能を磨いたり、社会的な絆を強めたりすることができるのだ。群れの中のデリケートで絶えず変化する関係を見ていると、オオカミたちには攻撃性や愛情、罪悪感、ユーモアその他人間の家族でよく見られる属性を表現する能力があることがよくわかる。

下：この動作は、オオカミをはじめとするイヌ科動物の身ぶりの中で最もわかりやすい。頭を低く下げ、前肢を広げて突っ張り、尻を持ち上げて、尾を左右にぱたぱたと振る――遊びに誘うときの姿勢、プレイ・バウだ。どんな年齢のオオカミでも、この誘いには喜んで応じる。

次頁：オオカミたちは氷が大好きだ。冬、池が凍ると、ソートゥース群のオオカミたちは、透明な表面の下を動く泡をうっとりと見つめていた。

オオカミは、私たちの神話や歴史、夢に登場する。
だが、彼らには彼らなりの未来や愛、叶えたい夢がある。

アンソニー・マイルズ

狩りのあいだ、若いオオカミたちは大人の行動をじっと見つめて、さまざまな条件や獲物のタイプに応じてどのような戦略を取るかを観察する。獲物が開けた場所に飛び出したら、川に飛び込んだら、こちらに向かって反撃してきたらなど、それぞれ異なる状況に大人たちがどのように対応していくかを若者たちは学習していく。

新しい知見［4つのオオカミ像］

動物界でオオカミほど、その姿をいろいろに変えてきた生き物はいないだろう。世界中の神話や文化に登場するオオカミの姿は、残忍な地獄の犬から善意に満ちた精霊までさまざまだ。これは、どんな人物がオオカミを見ているか、人々がオオカミの性質からどんなことを学んだかによって変わってくる。

私たちは、オオカミの復活を推進するために何年ものあいだ意見を発信し続けてきたが、それを通じて、多様な見解を持つ人たちと知り合う機会を得た。そして当然のことながら、この動物の姿をどのように捉えているかによって、議論を進める上でその人物がどのような立場を取るかが決まってくることに気づいた。その捉え方は、主に以下の4つのカテゴリーのいずれかに分類される。

悪夢のオオカミ

寓話や恐ろしい言い伝え、迷信に登場するオオカミ。ヨーロッパから新世界に移り住んだ開拓者たちは、残忍でずるがしこく、邪悪な生き物というイメージをそのまま持ち込んだ。そして『赤ずきん』のような童話は何世代にもわたって語り継がれ、恐怖をかき立ててきた。ホラー映画やハロウィンにまつわる話では、満月の光を浴びると牙を生やし血に飢えた存在に変身する狼男がいまだに定番。オオカミなんか恐くない？　いや、漫画や大衆文化を見るかぎり、怖いものということになっている。しかも物語は現代化され、オオカミはスクールバスのバス停で罪のない子どもたちを待ち伏せして慰みに殺す、悪知恵に長けた殺人鬼へと姿を変えた。

私たちの心には、無意識のうちにオオカミを恐れるようなプログラムが組み込まれている。だから、私たちはオオカミを危険な生物だと考えるのだ。オオカミが人間の生命を深刻な危険にさらし、脅威となっていると信じている人はいまだに多い。そんなことは決してないという反証が山のように存在するにもかかわらずだ。

中世以来オオカミは、人間の食料を奪う邪悪な存在、ずるがしこい生き物、人間の支配の及ばない暗い森に住むものと見なされてきた。このようなオオカミ観は、開拓者によって新世界にも伝えられた。

何世代も昔から、私たちは自分でも意識しないまま、ステレオタイプの「大きくて邪悪なオオカミ」というイメージを我が子に伝えてきた。1933年に公開されたウォルト・ディズニーの映画『3匹の子ぶた』の歌を聴いて私たちが思い出すのは、屈託のない愛すべき子ブタたちと、陰に隠れ、壊すのが簡単なわらと木の家を建てた子ブタたちにつけ込もうとする腹ぺこのオオカミだ。

『赤ずきん』のような童話では、本来オオカミが持っている、群れで狩りをする能力——複数のオオカミで計画を立てる、協調する、奇襲をかける——を、共謀、策略、眩惑といった人間の下劣な特性に読み替えている。物語の深層を読めば、赤ずきんは森——原始の自然——に迷い込み、オオカミによって象徴される悪と出会うことがわかる。

「男は狼」という言い回しがある。これは、女性を獲物として扱い、より高次の人間的性質が性的欲望に圧倒されてしまっている状態を示唆している。

霊的オオカミ

「悪夢のオオカミ」と表裏一体の概念が「霊的オオカミ」である。この動物の内に秘められた性質を体感した人間が、人間の言葉で神話的に概念化している点は同じだが、両者はまったく正反対のオオカミ像だ。多くのアメリカ先住民族が、その文化の中でオオカミの精霊を誕生させ育んできた。オオカミの精霊は大いなる知恵の持ち主で、魂を導くものとして崇められている。

オオカミを愛する現代人の多くが、この肯定的なイメージに魅せられているが、本来の意味が勝手に解釈され、ねじ曲げられていることも多い。結果として、この動物をうわべだけの陳腐な象徴主義で飾り立てることになる。このオオカミ像はオオカミに対する深い敬意を表してはいるが、科学的に捉えたオオカミの真の習性は反映していないのだ。このような人間による規格化は、オオカミと私たちが共有するべき世界の真の問題に対する真の解決法を探し出す努力の妨げとなりかねない。

1910年、写真家のエドワード・カーティスによって撮影されたアプヨトクシの肖像。アプヨトクシは、直訳すると「淡い色の腎臓」を意味し、ピーガン族［訳注：カナダのアルバータ州及び米国モンタナ州中部に住んでいたブラックフット族の一部族］の戦士だった。一般には「イエローキドニー」と呼ばれていた。この戦士は、写真撮影にあたりオオカミの毛皮でできた頭飾りを身につけている。

バンクーバーのスタンリー公園には、カナダのファースト・ネーションズ（カナダの先住民）を讃えるトーテムポールが建っている。ヘスクウィアット族のアーティスト、ティム・ポールとディティダット族のアーティスト、アート・トンプソンの手になるスカイ・チーフ・ポールには、オオカミの顔が彫られている。

インド北東部に住むシェルダクペン族の人々は、大乗仏教の伝統を守って暮らしている。19世紀末に作られたこの仮面は、僧院で行われる舞で僧がつけるもの。「クヤ」と呼ばれ、オオカミまたは黒犬をモチーフにしている。

管理されるオオカミ

近代になって生まれた、この「管理されるオオカミ」という概念。彼らには、ほぼ例外なく発信機付きの首輪がつけられ、"顔"がない。単に、データ――分布状況、捕食パターン、繁殖数を示す数字――として表れるだけだ。生物学者によって観察・記録され、首輪をつけた連邦政府や州の職員が数を数え、よその土地に移したり、時に殺したりする。このようなオオカミの概念の基礎にあるのは、健全な科学であり、この動物の持つ知性もしっかり認識されている。しかし、1頭1頭のオオカミが持つ個性や、家族への献身度合い、感情を表現する能力については見落とされがちだ。「管理されるオオカミ」は、あくまで一研究対象にすぎず、家族や文化、そして1頭1頭独自の性格を持つ生き物ではないのだ。

オオカミを研究する生物学者のカーター・ニーマイヤー（右）。年齢、性別、健康状態を調べたオオカミに、注意深く首輪をつけている。首輪をつけられたこのオオカミは、「フランクチャーチ・帰らざる川原生地域」［訳注：全米で最大のひと続きの保護原生地］の端に当たるアイダホ州ベアヴァレーに放されることになっている。

1つの群れで1頭、できれば2頭に発信機付きの首輪をつける。この首輪から発信される情報をもとに、野生生物を管理する人々や研究者が、個々のオオカミや群れの動き、位置などを特定する。

オオカミを研究する生物学者のゴードン・ヘイバーは、電波を使った位置測定機器を利用して、アラスカのデナリ国立公園に住むトクラット群を追跡・研究・観察していた。

オオカミの追跡に熟練した人なら、足跡を調べれば個体の大きさや群れの数、移動の仕方などオオカミに関する重要な情報を導き出すことができる。冬の積雪時は、このような足跡を追跡するのに絶好の機会だ。

社会性のある生き物としてのオオカミ

何年も共に暮らすうちに、私たち筆者は「社会性のある生き物としてのオオカミ」——悪魔でも、神でも、数字でもない——を知り、敬意を抱くようになった。彼らは非常に社会性の強い動物で、群れ、つまり家族に対してとても強い献身的愛情を示す。個々のオオカミがそれぞれを大切に思い、友情を育み、病気や怪我を負った群れの仲間を養うのだ。オオカミの行動を見てきた私たちは、オオカミが、コミュニケーション能力や知識の伝達能力が優れた生き物、感情を表現することすらできる生き物であることを知った。そのため彼らは、社会的な構造を崩壊させてしまうような管理プログラムに対してきわめて脆弱である。オオカミに関するこの新たな知見を、私たちはこれからも広く伝えていきたいと思う。

長年の観察で、アルファのカモッツとベータのマツィの間に愛情が存在することは明白だった。相手にケンカを売ったことは一度もないと思う。彼らは一緒に過ごすのを好み、一緒にいられることを心から楽しんでいるように見えた。

オオカミの遊びは、高い身体能力を維持し、群れの仲間との絆を強化するだけでなく、緊張を発散するのにも役立っている。序列を超えて深い友情で結ばれていたベータのマツィとオメガのラコタは、暇さえあればいつも一緒に遊んでいた。

群れ全体の絆は、個々のオオカミ同士の関係によって強化される。2頭のオオカミがすれ違うときには、楽しげに肩をすり寄せたり、お互いにさっと舐め合ったりといった行動が必ず見られる。

アマニは、いつまでも飽きることなく子オオカミと遊んでいた。子オオカミは、アマニの身体によじ登ったり、尾や耳をかじったりしていた。アマニは彼らの父親ではないが、心から彼らを愛しているように見えた。他のオオカミの子どもだけれど、自分の群れの一員である子どもたち——その間には明確な絆が存在していた。

オオカミの子どもたちは眠るときも一緒のことが多い。並んで丸くなり、頭を誰かの首の上にのせて寝ている様子は、いかにも相手を信頼し、愛情にあふれているという感じだった。その様子から、群れの仲間同士の固い絆がはっきりと見て取れた。

アルファ雄のカモッツが死んで3週間のあいだずっと、夜、遠吠えをするオオカミが1頭いた。誰が吠えているのか確認はできなかったが、彼らと暮らしてきた経験から、それがカモッツのきょうだいのラコタであることを私たちはみじんも疑わなかった。

THE

TRAIL

OF THE

WOLF

第3章

オオカミの来た道

男は目を覚ますと言いました。

「『野生の犬』はどうしている?」

すると女が答えました。

「彼の名前は、もう『野生の犬』ではありません。

『最初の友人』に変わりました。

彼は、これから私たちの友人になるのです。

いつまでも、いつまでも、いつまでも」

——ラドヤード・キップリング『なぜなぜ物語』所収「ねこはにんげんとどんなけいやくをしたか」

オオカミはいくつになっても、今まで見たことのないもので遊ぶのが大好きらしい。

知性があること、犬に似ていること、神話や民間伝承に登場すること、そして長い迫害の歴史を持つこと。これらが相まって、オオカミの魅力には絶対的な力がある。その魅力に、情緒的にも知的にもがっちり絡め取られてしまった人は多い。

顔を見ればすぐわかる。幅の広い頭部から、優雅に狭まっていく長い鼻先。その目はきらきらと輝き、好奇心に満ちている。身体の動作からは、メッセージが伝わってくる。ピンと立った耳は警戒心を、プレイ・バウは遊びたい気持ちを表している。感情豊かな尾からは、自信や恐怖が見て取れる。私たちがオオカミのことをすでに知っていると思っても、もはや罪にはならないのではないだろうか。実際、すでに多くのことを知っているのだから。遺伝学的に見ると、イヌ科の友であるイエイヌ（家畜としての犬）がオオカミの子孫であることはほぼ間違いない。でも、どうしても答えを知りたい疑問が残る。いつ、どのようにして家畜化が起こったのだろう？

ごく最近までは、人間の集落のそばをうろついてゴミを漁っていたオオカミの一部が私たちにうまく取り入って、犬の祖先になったという説が最も一般的だった。だが、最近新たに発見された証拠からは、別のストーリーが浮かび上がってくる。もっと古く、もっと壮大な物語だ。

その証拠とは、シベリアで発見された3万3,000年前のイヌ科動物の頭骨だ。それは初期のイエイヌのものだったのだが、DNAを調べてみると、現在生きている犬の中にこの子孫は存在しないことがわかった。だからといって、この発見が科学的に無意味というわけではない。この時代に、この地でも人間に飼われるようになった犬がすでにいたということを意味するからだ。犬の家畜化が起こったのは、あるいはフランスのショーヴェ洞窟の付近かもしれない。ここには、人間の子どもに寄りそって歩く犬の2万6,000年前の足跡が残されている。または、現在のチェコ共和国のあたりかもしれない。ここでも旧石器時代［訳注：200万年前に始まり、約1万年前に終わった人類の歴史上最古の時代］の犬の頭骨が発掘されている。しかし、いちばん可能性が高そうなのは、世界中のあちこちで犬の家畜化が起こったという説だ。人間とオオカミが出会えば、友情が芽生えるのは不可避だったのではないだろうか。

ジャーナリストのマーク・デアは、このテーマに関する研究に情熱を傾け、統一した理論を組み立てようと取り組んでいる。著書の『犬はどのようにして犬になったか』やいくつかの論文の中で彼は、犬の家畜化は人間が犬を隷属させたところから始まったのではなく、相互利益に基づく2つの種の友好的な交流から生まれたのではないかという説を唱えている。「そしてどうなったか。人間と犬の祖先たちは共に進化していったのだ。私たちが彼らを選んだのは確かだ。だが、彼らが私たちを選んだというのもまた確かなことである」とデアは書いている。「オオカミも人間も、威嚇と従属ではなく、相手に対する敬意に基づく関係を築く能力を持っている。私たちは、他の動物にはないこの能力を相補的に活用した」。また、「人間がオオカミから狩りの方法を学んだのではないかと主張する学者がいる」のと同時に、「私たち――犬と人間――がそれぞれ相手の進化に影響を与えてきたと主張する学者もいる」とも述べている。

犬が家畜化されるはるか以前、また人間が定住して農耕を始めるはるか以前から、人間とオオカミは親しく――少なくとも、お互いに尊重し合いながら共存――していた。そのことを示す考古学的な証拠がどんどん見つかっている。これは、友となった犬たちと私たちが共有する強い絆を考えると驚くべきことではない。ともかく、犬の家畜化は起こった。そして間違いなく、それによって私たちは恩恵を受けた。

実際、オオカミから犬に受け継がれた特性は、農耕や牧畜で大いに役立っている。例えば、なわばりを持つオオカミの性質は、人間の家畜や財産を守るという面で犬に引き継がれている。また、オオカミの非常に優れた嗅覚と獲物の位置を特定する能力は、人間の狩りの獲物を追跡・回収してくれる猟犬に生かされている。さらに、オオカミは大きな草食動物を威圧して思い通りに操ることができるが、その技を踏襲した牧羊犬を使って、私たちは家畜を移動させるのに役立てている。

オオカミから犬に受け継がれた性質の中でも、特に私たちに必要不可欠なものがある。群れに対する献身的な愛情、社交性、学習能力、コミュニケーション能力、感情表出能力である。オオカミを犬につくり替えることによって、犬は私たち人間の究極の伴侶となった。私たちの意図を同じ霊長類の仲間よりもよく理解してくれる、信頼の置ける友となったのだ。

しかし、愛する犬がオオカミからどんな贈り物をされたか、私たちはよく承知しているにもかかわらず、オオカミに対して抱く憎悪は他のどんな動物に対するよりも激しい。これは非常に不思議なことである。私たちは飼い慣らした犬を畑へ、牧草地へ、町へと伴っていったが、野生の生き方を好み、私たちについてこなかった犬がオオカミなのだ。そのことが許せないから、私たちはオオカミを憎んでいるのかもしれない。

「狼男」の誕生

オオカミに対してある文化がどのような姿勢を示すかは、一般的にその文化とオオカミの経済的な関係を反映する。アメリカの先住民、特に大平原で定住せずに狩猟中心の生活を送ってきた人々は、オオカミに畏敬の念を抱いている。オオカミと狩猟採集民との間には血縁関係に似た関係が存在していたのではないか、とデアは言っている。なかでもポーニー族［訳注：かつてネブラスカ州に居住し、オクラホマ州に強制移住させられた先住民族］の人々は、オオカミに対して非常に緊密な一体感を抱いていた。そのため、大平原の部族間で使われるインディアン手話では、「オオカミ」と「ポーニー」に同じサインが使われている。

実際、オオカミ殺しを不名誉な恥辱と捉えるアメリカ先住民の文化は数多くある。しかし一方で、そうは考えない文化もいくつかある。例えば、アラスカのイヌピアト族とヌナミウト族の人々は、日常的にオオカミを狩り、毛皮を取って、他の部族との交易に利用していた。こうした文化の違いはあるが、白人が入植してくる以前の北米では、オオカミは少なくとも寛容に扱われ、たいていは家族に忠実な動物、有能なハンター、暖かい毛皮の持ち主として尊ばれていた。事実、アメリカ先住民の伝統の中に、オオカミに対して深い恨《うら》みを抱いたり、オオカミを悪者扱いしたり、この種を完全に抹殺したいと考えていた形跡はまったく見られない。そういったことを始めたのはヨーロッパ人なのだ。

ヨーロッパおよびアジア、中東では、人々は羊を家畜化していた。羊が飼われ始めた当初から、オオカミは時おり家畜を餌食《えじき》にすることがあった。だから人間とオオカミはずっと緊張関係にある。一方、オオカミとその獲物は共に進化してきた。オオカミの狩猟技術の向上に応じて、シカやカリブーやアンテロープ［訳注：大型のウシ科の哺乳類の総称。レイヨウ］などの獲物の逃避能力も進歩してきたのだ。しかし、そこへ人間が割り込んで進化の時計をもてあそんだ。頑健なオーロクス［訳注：ヨーロッパ、北アフリカの野牛。現在は絶滅］と、すばしこいムフロン［訳注：地中海原産の野生羊］を家畜の牛と羊に変えたのだ。人間たちは飼っている動物を交配し、労役や毛皮、肉といった私たちが欲しいと思うものを提供してくれるように改良していくと同時に、受け身で扱いやすい品種（捕食者が近くにいる環境では明らかに不利な性質だ）をつくったのである。

さらに、オオカミの狩りのスタイルが問題を助長する。ライオンやクマのようなパワーを持たないオオカミは、待ち伏せして奇襲攻撃を仕掛けることができないため、獲物を追跡して取り囲み、獲物が疲弊しきったところで後ろから咬みつく。獲物の鼻面を捕まえて引き倒すことも多い。そうした獲物はショック死するか失血死することになるが、これには必ず時間がかかる。そのような行動を取るオオカミは、人間的な道徳観という眼鏡を通して見ると、残虐卑劣なギャング集団に見えるというわけだ。だが、オオカミが狩りに使える能力は限られている。彼らにあるのは、追跡に必要なスタミナと、咬みつくための強靭な顎と、チームワークだけなのだ。

こうして知性があり、好機を見逃さないオオカミは、私たちの目を欺く方法を見つけて家畜を襲う、人間の狡猾《こうかつ》な敵となった。確かに多くの野生動物と同様、オオカミも人間にとって危険な存在ではある。だが、実際に人間に危害を加えることは非常にまれだ。にもかかわらず、この動物に対する恐れは、現実的な脅威と不釣り合いなまでに膨れ上がっている。例えば「羊の皮をかぶった狼」のような古くから伝わる寓話では、人をだまし、子どもを食らう油断のならないけだものとして描かれている。

ヨーロッパにも好意的なオオカミ像はあるが、それは手本を示す教師や共に狩りをする仲間としてではなく、戦士のトーテム［訳注：ある集団が特定の象徴と見なす動植物や自然現象］としてである。古代スカンジナビアの神話では、オオカミが善悪両面の象徴として描かれている。戦いにおける勇気の権化として最高神オーディンに付き従っている一方で、破壊の神フェンリルとして登場するのだ。ローマの建国神話では、捨てられて死ぬ運命にあった双子の兄弟ロムルスとレムスを雌オオカミが保護して養う。この兄弟は、のちに救われて偉大な都市を建設することになる。

オオカミは獲物を追って1日に30km以上移動することもある。一定のペースを保ち、平均時速約8kmで何時間でも走ることができるのだ。

しかしキリスト教の勃興とともに、オオカミが象徴するものは明らかに悪いほうへと向かって行った。この新しい宗教が興って広まったのは主に都市部だった。都市の人々は、しだいに自分たちを自然とは縁遠い存在であると考えるようになっていく。キリスト教徒が、神を羊飼いに、自分たちを穏やかな羊の群れになぞらえるようになったのもごく自然な成り行きだった。そして、戦《いくさ》を好む異教徒たちをオオカミにたとえれば、完璧なコントラストが生まれる。793年にイングランドのホーリー島の平和な修道院をバイキングが急襲して略奪するが、そのさまは羊の群れに襲いかかる飢えたオオカミの群れそのものだったという。これ以上、適切な比喩はないだろう。

こうして、古い迷信がキリスト教化されたヨーロッパで再び力を得る。作家のバリー・ロペスが著書『オオカミと人間』で述べているように、「現実のオオカミに対する恐怖心は、しばしばヒステリーと紙一重だった」。戦争が起きたり疫病が広がったりすれば、オオカミたちがぞんざいに埋葬された人の遺体を機に乗じて掘り返すこともあったはずだ。猛々しいけだものが神聖な土地を汚し、悪行の限りを尽くす――素朴な人々がそんな噂を耳にすれば、オオカミが悪魔の手下であるこをを示すまぎれもない証拠だと思わずにはいられないだろう。

そしてヨーロッパでは、魔術に対する恐怖心、異教徒に対する恐怖心、森の獣に対する恐怖心が凝集して、夜の闇の中を暴れ回り、家畜や人を殺す半人半狼の狼男という悪鬼《あっき》が生まれる。『赤ずきん』もそうした風評の中で生まれた童話の1つだ。この物語に登場する二枚舌の悪者――おばあさんと小さな女の子を食べてしまうオオカミ――は、私たちの社会全体に共有される心象の中に今でも生きている。

このような概念は、17世紀に新世界を目指してイングランドから出航した開拓民の心の中にもしっかりと根を下ろしていた。開拓者たちが別れを告げた島では、オオカミはほぼ駆逐されていた。ヨーロッパ全体を見ても、オオカミを根絶しようという努力が続けられていた。オオカミには賞金が掛けられ、その数はどんどん減少していた。それでも、北米の海岸に打ち寄せた反オオカミの波に比肩するものはなかった。動機づけも十分、正当な理由もある、となればこれはもうただの波ではない。巨大な暴風雨の襲来だ。こうして開拓者たちのオオカミに対する全面戦争が始まった。

北米における全面戦争

開拓者たちは、旧世界から羊や牛、そして私有財産といったものに対する燃えるような信念を携えてやってきた。と同時に、無秩序な自然に対する恐れ、人間の力の及ばない暗い森は悪魔の王国だという確信も持ち込んだ。彼らは、自らの聖なる義務を信じて疑わなかった。土地を征服し、キリスト教徒の用に供すること――経済的な野心と宗教による正当化が完璧なタッグを組んだのである。北米で初めてオオカミに懸賞金が掛けられたのが1630年。マサチューセッツ湾の植民地が拓かれたわずか2年後だ。そして1800年代には、猟師はオオカミを殺すだけで生計を立てられるほどの収入を得ることができた。

1900年にオオカミ猟師のベン・コービンは、『コービンの知恵袋：オオカミ猟師のためのガイドブック』をしたためている。この本が書かれたころ、アメリカのオオカミはすでに絶滅寸前になっていたが、アメリカ人の間に広く行きわたっていたオオカミ――ついでに言えば、この大陸にもともと住んでいた人間――に対する考え方の精髄が、これほど見事に凝縮されている文章はないだろう。例えば、次のような一節がある。

> この豊かな土地。広々として、水が豊富で、肥沃で、青々とした牧草地がうねるように広がり、山々や谷が身近にあり、黄金をはじめありとあらゆる金属や鉱物もたっぷりと埋蔵されている土地。これらすべてが、野生のけだものや原住民たちに永遠に独占されていてよい、と神がお考えになっているとは信じがたい。私は適者生存の理論を信じている。したがって私は、これまでの人生でずっと適者たるべく闘ってきた……オオカミは文明の敵である。だから私は、それをこの世から根絶したいと思っている。

この文章にあいまいなところはまったくない。神御自ら、この土地を私たちに下さったのだ。だから、私たちを邪魔するものは、人間にしろけだものにしろ制圧または始末しなければならない――。この文章からは、もっと深いところにあるものも窺える。病的なまでに純粋な憎しみである。

この憎しみがどれだけ深く根ざしているか、今さら言葉を尽くす必要はない。人々の言動にはっきりと見て取れるからだ。多くの猟師は、オオカミはただ殺せばよいというわけではなく、多くの罪を贖《あがな》うために苦しみ与えて殺すべきだと考えていた。わな猟師は、捕らえたオオカミの下顎を切り取るだけで済ますこともあった。そうして放置されたオオカミは苦しみながら餓死する。あるいは、釘をたくさん仕込んだ大きな肉の塊を置いておくこともあった。オオカミの胃に穴を開け、じわじわと死が訪れるようにするためである。

コービン自身も、餌をつけた釣り針をオオカミの巣穴に放り込み、中の子オオカミがそれを飲み込むのを待ってから、穴から引きずり出して殺したときの様子を詳しく描写している。ほかにも、動物の死骸に毒薬のストリキニーネを仕込むことは、牧場主や農場主、猟師の間でごく日常的に行われていた。その死骸を食べたオオカミは確実に死に至る。当然ながら、コヨーテやクマ、ワシ、ワタリガラスなど、餌に引き寄せられた動物はすべて死ぬ。

19世紀末には、連邦政府もこの“戦争”に本腰を入れて参戦する。国立公園局は陸軍の1部局として設立され、その任務にはイエローストーンをはじめとする新設の国立公園から「破壊的な」動物、つまりオオカミを駆除することも含まれていた。彼らは、懸賞金目当ての猟師などよりもずっと短期間に効率よくオオカミ根絶という大仕事をやってのけられると考え、税金を使っていよいよ最終戦争に打って出た。銃弾、わな、毒を駆使した焦土作戦だ。さらに人為的に疥癬《かいせん》［訳注：ダニの一種が皮膚に寄生することにより発症する感染症で、激しいかゆみを引き起こす］を流行させることまでした。連邦生物調査局のヴァーノン・ベイリーは、この作戦が「これまで実施されてきた、この害獣に対する戦争の中で最も組織的で有効だ」と言っている。

こうして1900年までに、ミネソタ州北東部にほんのわずか残っている以外、アメリカの東側からオオカミの姿は完全に消えてしまった。カナダでも、ニューブランズウィック、ノバスコシア、ニューファンドランドの各州でほぼ同じオオカミの群れは、狙いを定めるときにさまざまな要素を勘案する。狩りの途中で条件が変われば、狙う獲物を変更することもある。

時期に絶滅している。アメリカの西側のオオカミたちも、1940年代にはほとんどいなくなっていた。さらに、ごく少数の生き残りも根絶させるために、オオカミ殺しは1970年代に入ってもずっと続けられた。メイフラワー号が錨を下ろして以来、北米で殺されたオオカミはおそらく100万頭を超えるだろう。

考え方の変化

オオカミやその他の野生生物に対して、北米のすべての人が同じ考えを持っていたわけではない。オオカミを根絶しようという努力が最高潮に達していたころでさえ、人間が何か大切なものを失いつつあるのではないか、と主張する人たちがいた。

例えば、作家のヘンリー・デイヴィッド・ソローは1863年3月23日の日記の中で、彼の愛するマサチューセッツの森の本来の姿が失われてしまったような気がすると嘆いている。「ここでは、より高貴な生き物たちが皆殺しにされてしまった。ピューマ、ジャガー、クズリ、オオカミ、クマ、シカ、ビーバー、シチメンチョウ等々。私は、飼い慣らされた、言わば去勢された国に生きているような気がしてならない」と彼は書いている。「文明化された国は、国全体が1つの都市になってしまう。私はそんな都市の市民に憐れみを覚える。だが、私もその市民の1人なのだ」

19世紀、オオカミなどの補食動物を殺すことを正当化するときには、宗教的な理論が振りかざされた。これらの動物を根絶することは、暗い未開の原野を人間の管理下に置くという神の意図を実現することなのだと。破壊された生態系の悲劇については、現在科学的に理解されるようになっているが、それ以前からソローのように、この悲劇を哲学的に洞察している人々もいた。自覚のあるなしにかかわらず、人間だけがこの悲劇を免れるわけにはいかない——彼らはそのことを理解していた。人間の魂は自然と分離して存在するわけではなく、自然の中に存在する。つまり、森を伐採し、野生生物を殺すことは、私たち自身と私たちの人間性とのつながりを断ち切ることでもあるのだ。

政府に雇われたオオカミ猟師の最後の世代の1人であるアルド・レオポルドは、仕事を始めたころは、環境からオオカミがいなくなることは進歩であると考えていた。彼の言葉を借りれば、「オオカミの数が減るということはシカが増えるということである。したがって、オオカミの数がゼロになるということは、猟師の天国が生まれるということだ」と考えていたのだ。だが、西部に最後に残ったオオカミたちがもうすぐ死に絶えるというころになって、彼は営々と続けられてきた人間の営みが自然界にもたらした惨状を目にし、自らの考えを改める。そして、彼が1944年に書いた短いエッセイ「山はどのように考えるか」の中で述べていることは、その後間もなく反駁《はんばく》しようのない科学的知識となる。その一部を以下に引用したい。

> 私はこれまで、オオカミを絶滅させた州をいくつも見てきた。オオカミがいなくなって新しく生まれ変わった山々の表情をつぶさに観察し、新しいシカの足跡が迷路のように広がる南の斜面を目の当たりにしてきた。食べられる茂みや若木は片っ端から食べられている。それらは生気を失い、やがて枯れてしまう。食べられる高木も、シカの口が届く高さまですっかり葉が食い尽くされている……そして

ついには、みながあれほど心待ちにしていたシカの群れが餓死して、その骨をさらすのだ。数の増えすぎによる死。その骨は、枯れて骸骨のように残ったセージの茎とともに野ざらしになり、下のほうの葉がごっそり食べられてなくなってしまったビャクシンの木陰で朽ちていく。シカの群れはオオカミに殺されることを恐れている。しかし今は、山がシカに殺されることを恐れているような気がしてならない。

自然界におけるオオカミの存在は破壊的なものではない。自然界からオオカミを除去してしまうことこそ破壊的なのだ。レオポルドたちはそのことを理解し始めていた。私たちの文化がこの概念を十分受け入れているとはまだ言えないが、それでもこの概念は着実に根を下ろして、オオカミ再導入の科学的根拠となっている。70年のあいだ存在していなかったオオカミの群れが、ついにイエローストーン国立公園で自然に形成されたとき、公園の生物学者たちが、その群れをレオポルド群と名づけたのも至極もっともと言えるだろう。

オオカミの復活を快く思わない人々は、政府が1995年と96年に行った再導入は、独善的かつ感傷的な動物愛護主義者に迎合したもので、ろくな調査もせず、適切な計画も立てずに場当たり的に行われたと主張している。しかし実際には、オオカミの再導入に関しては1960年代後半からずっと議論が続けられてきた。そして1973年に絶滅危惧種法が議会を通過したとき、ハイイロオオカミはそのリストに真っ先に加えられた。それから20年かけて政府関係者は、牧場主や狩猟家、環境NPOと協力し、時には訴訟を起こされながら、オオカミ再導入の戦略を練ってきた。場当たり的という言葉はまったく当たらないのだ。

オオカミの再導入

1995年1月のある朝、がたがたと揺れるトラックが隊列を組み、サーモン川沿いの道路を進んで「フランクチャーチ・帰らざる川原生地域」のコーンクリークを目指していた。トラックに乗り込んでいたのは、連邦内務省魚類野生生物局の職員と報道カメラマン、アイダホ州漁業狩猟委員会の獣医。そしてアルミ製のケージがいくつか積み込まれていた。ケージの中から通り過ぎる森を見つめるおびえた目——。このプロジェクトは厳戒態勢のもとで行われた。アメリカ史上、これほど賛否が分かれた動物の再導入はない。このオオカミたちの新たな隣人となる人間の中には、見つけしだい撃ち殺すと宣言している者も少なくなかった。

コーンクリークに着くと、職員たちは慎重にケージをトラックから降ろした。そしてケージの扉を持ち上げたとたん、3頭のオオカミが勢いよく飛び出してきた。彼らは目を大きく見開き、半狂乱になっていた。しかし1頭だけは断固として動くことを拒否。結局、このオオカミはくくりわな棒を使って無理やり新しい住みかに引きずり出された。くくりわな棒とは、長い金属の棒の先端に簡易的なくくりわなをつけたものだ。そのときに撮られた、このオオカミがおびえて歯をむき出しにしている写真は、アイダホに再び迎え入れられたオオカミの象徴となった。

一方、イエローストーンではアイダホの場合とは異なり、オオカミたちはそれぞれまったく離れた3つの場所に導入された。彼らはなわばり感覚が徐々に発達するよう、それぞれの新天地に一時的に設けられた囲いの中で2カ月間過ごしたあと放された。1996年には、アイダホとイエローストーンにさらに多くのオオカミが導入された。こうして北部ロッキー山脈に放たれたオオカミは、合計66頭を数える。

アイダホで最初のオオカミたちが放されてからわずか2週間後、そのうちの1頭が死んだ。B13Fと呼ばれる雌が東へ移動し、サーモン川沿いの牧場に入り込んで撃たれたのだ。地元当局はすぐに、このオオカミは生まれたばかりの子牛を襲ったため射殺されたと発表。そして、身体の一部を食べられた子牛の脇で死んでいるオオカミの写真が出回り、地元の酒場やガソリンスタンドに貼り出されるようになる。この写真は、オオカミの再導入に対して激しく反対していた牧場主や狩猟家にとっては、自分たちの正しさを裏づける格好の証拠となった。

当時、そして現在も、牛を襲っているオオカミを殺すことは合法である。だが、その牧場主は、オオカミを殺したのは自分ではないと主張した。連邦職員がその牧場を捜査しようとしたところ、激しい口論が起こり、暴力沙汰寸前にまでなったという。その後の剖検（動物の検視解剖）では、子牛は生まれた直後に自然死していたという結論が出された。オオカミは子牛を殺してはおらず、タイミングの悪いことに死んだ子牛を見つけ、しめしめとばかりにその死体をいただいていただけなのだ。

しかし牧場主たちは、連邦政府が大事なオオカミを守るために剖検結果をねつ造したのだと訴えた。一方で州の政治家たちは、州の動物の管理問題について連邦政府が介入するのは州権の侵害だと主張。人々はそれぞれ自分の選んだ側につき、相手の意見には一切耳を傾けなかった。この出来事によって、現在の私たちが置かれる状況の色合いが決まった。でたらめな根拠に基づく非難と政治的対立、そして意味もなく殺されていくオオカミたちという悪循環——。

北米のオオカミの歴史を振り返るとき、実際にどれほどの進歩があったのか疑問に思わざるをえない。北米には狩猟家や牧場主の利益を代表する有力な団体がいくつもあり、大きな影響力を持っている。そういった団体は、100年にわたる科学の進歩と環境意識の高まりを否定する情報を日常的に発信している。ある反オオカミ団体が定期的に流すテレビCMの次のようなフレーズに、北米に住む私たちは不気味なほど耳慣れてしまっている。「もし悪魔が動物を飼っているとしたら、それはカナダのオオカミだ。彼らは北米で最もよこしまで残忍な捕食者である」

また、ポスターや車のステッカーでは、オオカミが「政府の支援を受けたテロリスト」「動物界のサダム・フセイン」などと名指しされている。言葉や表現方法は21世紀らしく新しくなっているが、基本的な意識は、100年以上昔にベン・コービンの書いたものとなんら変わっていない。現在でも1900年と同様、反オオカミ弁論術は政治的、宗教的な台詞を意味もなく混ぜ合わせ、その時代の人々の恐怖心や偏見を巧みに利用するという手法を取っている。

そして2011年には、アイダホ州がオオカミによる差し迫った直接的脅威に対応するためとして、非常事態宣言を発令するに至った。具体的に州は次のように述べている。

> 移入されたオオカミが無制限に繁殖し、個人所有地で数を増やしている。これにより、人間及び愛玩

動物や家畜に対する明白かつ眼前の危険が生じ、私有地、公有地の昔ながらの利用法が変化を余儀なくされ、支障をきたすようになった。かつては安全だった散歩やピクニック、サイクリング、イチゴ摘み、狩猟、魚釣りといった活動の自由が急速に奪われている。

しかし再導入から20年近く経ったが、アイダホで野生のオオカミに襲われて怪我をした人はこれまで1人もいない。さらにアラスカとハワイを除く全米48州を見ても、そんな事故は1件も起こっていないのだ。

そもそもオオカミの再導入を監督し、再導入したオオカミを守る法律を（最近までだが）施行していたのは連邦政府である。そのため現代のオオカミ神話では、再導入は巨大な政府の何らかの陰謀なのではないか、という憶測が当然のように幅をきかせている。かつて悪魔は、人間の手の及ばない未開の原野に潜んでいたが、現代の悪魔は、どうやら連邦内務省、特に魚類野生生物局に潜伏していることになっているようだ。

そうして攻撃的な誤情報キャンペーンが展開され、多くの人は、連邦政府に雇われた生物学者がカナダに生息する巨大な超攻撃的亜種を密かに再導入していると信じ込んでいる。そもそも、カナダにそんなオオカミは存在しないのだが……。あるいは、オオカミの数は政府の予想を超えて指数関数的に増加しており、25頭を超える巨大な「スーパー群」が大都市のすぐそばに潜んでいる、と主張する人もいる。

また、一部の狩猟家は、飽くことを知らないオオカミたちが人間の狩りの獲物——ワピチ、シカ、ヘラジカ——をすべて食い尽くしてしまい、獲物がすっかりいなくなってしまったら、今度は小動物、さらには私たちのペットや子どもたちに手を出し、最終的には共食いを始めるだろうという誠に不穏な予想をしている。政府の発表する野生生物に関する報告書では、狩猟対象動物の数は安定しているとしているが、彼らはそれは嘘だと断じている。その結果、再導入は巨大な陰謀だとする主張が出てくる。

彼らの見解によれば、オオカミは狩猟対象動物を絶滅させるために意図的に再導入されたのだそうだ。オオカミに食い尽くされて猟獣がいなくなれば、狩りは不要となる。狩りをする必要がなくなれば、政府は憲法修正第2条［訳注：市民が銃砲を保持携行する権利を認める条項］を廃止することができる。そうやって自分たちの所持している銃をすべて取り上げるつもりだ、という説だ。

1900年当時のオオカミ殺しは、これは進歩であるという自信にあふれた行為だった。一方、今日の多くの狩猟家にとってオオカミ殺しは、権威に対する独善的な反抗心を表す行為である。自分たちの生活にとやかく介入してくる連邦政府や都会に住んでいる環境保護論者、その他地方に住む自分たちの自決する権利を脅かすと思われるすべての人間に対して徹底抗戦する術《すべ》なのだ。

昔と同様、オオカミに向けられる憎しみは、実際にオオカミが引き起こす実害に比べて極端なまでに膨れ上がっている。だからオオカミはただ殺されるのではない。死体はばらばらに切断され、発信機付きの首輪はどの個体のものか判別が困難になるように破壊される。そして、死んだオオカミの写真が政治的な嘲《あざけ》りを添えられてインターネットに投稿される。そんなサイトでは、オオカミの腹を小さな22口径の銃弾で撃って、苦しみながら死ぬまで放置しておいた、などと狩猟家たちが自慢げに語っている。また、国立公園の外周にできるだけ近い場所にわなを仕掛ける猟師もいる。詳しく研究されている、有名で人気のある群れに特に狙いを定めてのことだ。その結果、何十年も続いた研究が突然、終止符を打たれる。

何が人々をここまで駆り立て、何千トンもの毒物を広大な土地に撒くよう促すのだろうか？たった1頭のオオカミが偶然死ぬ可能性のために、自分自身や飼っている動物たちの命まで危険にさらすのはなぜだろう？　なぜ私たちは何千ドルもの金を何度もつぎ込み、オオカミを絶滅の淵に追いやろうとするのだろう？　牧場主の中には、激しい怒りに身を震わせながらオオカミについて語る人もいる。しかし悪天候で死ぬ牛や羊の数と比べたら、オオカミに殺される数は遠く及ばないのに、いったいそれはなぜなのだろう？

この憎しみの副作用の1つが、オオカミのために使われるべき財源の枯渇である。経済効果がどれほど見込まれようが関係なしだ。実際、オオカミには相当な額の観光収入をもたらす可能性があるし、実際もたらしてもいる。イエローストーンや周辺の町では、オオカミ観光だけで3,500万ドルもの金が地域経済に流れ込んでいる。ベイスンビュート群がアイダホ州スタンリー近辺で権勢を振るっていたのは短期間だったけれど、その間、多くの観光客がホテルに宿泊し、レストランで食事をし、ガソリンを入れ、その他の娯楽にたくさんの金を使った。時間と金をかけて、自然あふれる場所にバカンスに訪れ、野生生物の見物を楽しむ人は多いのだ。オオカミが、観光客の新たなお目当てとなるのは明らかだ。

その一方で、オオカミの存在を自分の利益に結びつけようと考える地元業者が、憎悪すべきけだものに肯定的な光を当てることによって、近隣の人々から疎外されたり脅迫されたりといったことが起こる可能性も否定できない。

経済的な先見性の欠如、恐怖、迷信、政治的なわばり争い、文明の黎明期以来抱かれてきた根深い憎悪——これらすべてが相互に反応し合い、恐ろしい（そして実在などしない）悪魔のけだものをつくりだしてきた。現実の動物は、これらすべての雑音の中に埋没してしまっている。オオカミは神でも悪魔でもない。頭が良く、社会性があり、家族を大切にして、生き残るために協力し合う生き物だ。実際のところ、彼らは私たちにそっくりなのだ。

オオカミたちは、どんなに厳しい寒さにもびくともしない。眠るときは、尾の下に鼻を隠して丸くなる。暖かい冬毛は、体色を決めている外側の粗毛と、密生して熱を逃がさない下毛の2層からなっている。

ソートゥース群が住んでいた放飼場は、同タイプのものでは最大だった。亜高山帯［訳注：高山帯と山地帯とのあいだ］に見られるモミの木立、草原、泉から流れ出る小川など、野生のオオカミが生息する場所に存在するであろうものが多様にそろっていた。オオカミたちは、水浴びを楽しみ、日陰で憩い、隠れ場所に潜み、開けた場所で追いかけっこをして遊んだ。広い敷地の利点は、オオカミたちが自分らしくふるまえるところにある。

西部は、私たちのいるべき場所、
オオカミたちと私たちがいるべき場所、
そして今は亡き古い友人たちがいるべき場所だ。
彼岸で、彼らにもう一度会えますように。

テトン・スー族の戦士、ブルー・ホースの言葉。
ナタリー・カーティスの記録(1906年)より

130頁：驚くべきことに、ラコタ（オメガ）をひとしきり追いかけたカモッツ（アルファ）は、くるりと向きを変え、逆にきょうだいに自分を追いかけさせることがよくあった。

131頁：マツィとラコタの間には特別な友情があった。2頭は一緒に遊び、群れの仲間と離れた場所で2頭だけでのんびりくつろいでいることも多かった。マツィは心からラコタと一緒にいることを楽しんでいるように見えたし、ラコタも友だちがいることを心から喜んでいるようだった。

前頁：群れで遠吠えをするときが、ラコタ（写真中央）にとっては最も緊張する瞬間だった。必ず尾を腹の下にしまい込み、肩を丸め、頭を下げて、できるかぎり目立たないように努めていた。

大人のオオカミたちは遠吠えを終えるタイミングがわかっている。だが、幼い子オオカミは夢中になって、いつ止めればよいかわからなくなることもしばしば。興奮した子どもたちは、うたが終わったのに気づかず、一声余計に「ウー」と吠えてしまうことも。

オオカミの先祖の兄弟姉妹たちは、
野営地の火のそばまでやってきて、
私たちの先祖の仲間に加わり、
私たちの最も忠実なペットとなった。
オオカミの先祖は、
野営地の火のところまでやってくるのを拒んだものたちだ。
そのことを、私たちはいまだに根に持っている。

デイトン・ダンカン『国立公園：アメリカ最高の発想』

次頁：カモッツはすばらしいリーダーだった。子どものときから表れていた自信は、やがて静かな仁愛となって花開き、彼を見守ってきた私たちにも喜びを与えてくれた。また、他のオオカミにはない警戒心があって、人間の目から見ると懸念と言ってもいいような表情を浮かべることもあった。例えば、周囲の森で聞き慣れない音がすると、カモッツは真っ先に耳を立て、走って調べに行った。群れの他のメンバーがこのような行動を取らないのは、おそらく自分たちがそんなことをする必要がないことを知っていたからだろう。カモッツが自分たちの安全を守ってくれるとわかっていたのだ。

前頁：群れのどのオオカミも、自分の地位、そして他のメンバー全員の地位を理解している。序列がなければ群れはばらばらになってしまうのだ。

下：あらゆる年代のオオカミが遊ぶ。これによって群れのオオカミたちは緊張を和らげ、群れの階層構造によって生じた壁を越えるチャンスを得る。

私たちはオオカミを滅亡へと運命づけたが、
それはオオカミの本当の姿ゆえではない。
私たち自身が考え出した、誤ったオオカミ像のゆえである。
その姿は、神話化された野蛮で冷酷な殺戮の権化。
だが、それは、本当は私たち自身の姿を鏡に映したものにすぎない。

ファーレイ・モウワット『オオカミよ、なげくな』

オオカミの群れが攻撃を仕掛けないまま、ワピチやカリブーなどの大きな獲物の群れを何日ものあいだひたすら追跡することがある。だが、この期間にも狩りはすでに始まっている。オオカミたちは獲物の群れの力を値踏みし、弱みを見せるものを探しているのだ。

前頁：オオカミの群れでは通常、繁殖するのは雌雄のアルファ・ペアだけだ。これによって群れの頭数が制限される。群れの数が多すぎること、特に子どもの数が多すぎることは、群れにとって不利な条件となる。腹を減らした口がたくさんあるのに、狩りのできるものが足りなければ、群れの全員が苦しむことになるからだ。

新しい子オオカミの誕生に、ソートゥースの群れのメンバー全員が大興奮したけれども、生後2、3週間のあいだ、赤ん坊と接するのは母親だけだった。チェムークがソートゥースで出産したときには、群れの全員が巣穴の外に集まり、興奮でぶるぶる身を震わせながら、首を傾け、下のほうから聞こえてくる「きゅうきゅう」「くんくん」という鳴き声に聞き入っていた。写真は、巣穴の上で見張りをするラコタ。

下：子どもが生まれるのは通常、冬が終わって春になりかけたころ。北米では3月末から5月初旬にかけてだ。一般的に、1腹4頭から6頭の子を出産する。生まれたばかりの子オオカミは目が見えず、歯も生えていない。かろうじて這い回ることができるくらいで、母親が彼らのために掘った巣穴の中で安全に守られている。同じ巣穴を何代にもわたって群れが使い続ける場合も多い。

次頁：子オオカミは、何かにつけて大人を偶像のように崇拝する。大人が歩いた場所を正確にたどり、大人が嗅いだ花の匂いを必ず嗅ぎ、大人が噛んだ骨を必ず噛む。あらゆる動作をまねするのだ。このようにして年上のオオカミから知識を受け継いだ子オオカミは、通常2年目に入ると、大人の序列社会に組み入れられていく。

オオカミの群れ、つまり家族は、互いに協力し合う社会的ユニットだ。このような構造や機能が発達したのは、効率的かつ安全に狩りをする必要性から。つまり、成功する可能性をできるだけ高めるためだ。単独でハツカネズミやハタネズミなどの小動物を捕まえることもあるが、大きな獲物を倒すときにはグループで狩りをする。

世の中のほとんどの人が、
彼らは放浪するけだものだと考えているが、
それは違う。
彼らはひとところに定住している。
そして、広大な土地を永続的に所有している。
その境界線はきわめて明確だ……
オオカミ独自の方法で、
はっきりと仕切りが示されている。

ファーレイ・モウワット『オオカミよ、なげくな』

アマグークはヌナミウトに似ている。
天候が悪いときは狩りをしない。よく遊ぶ。
家族のために一生懸命働いて食べ物を手に入れる。
歳を取ると白髪になる。

バリー・ロペス『オオカミと人間』
アラスカの老エスキモーがオオカミ（アマグーク）と
自分の部族（ヌナミウト）の類似性について語った言葉の引用

146頁：1歳のときのカモッツとラコタ。2頭はアルファとオメガという群れの最上位と最下位に位置していが、だからといって一緒に遊ばないということはなかった。彼らは愛情深い緊密な絆で結ばれていた。

147頁：チェムークと息子のピイップ。食事の残りの毛皮で綱引きごっこをして遊んでいる。このように引っ張り合うことで、歯や顎、筋肉が鍛えられる。

次頁：オオカミの群れは大きな家族だ。メンバー同士が互いに献身的な愛情を抱いており、共通の目的でひとつにまとまっている。時には、共通の心でひとつにまとまっているようにも見える。

この付近には、
非常に多くの狼あり。
みなとてもおとなしい。
我が槍にて1頭殺す。

ウィリアム・クラーク大尉。
ルイス＝クラーク探険隊の日誌より(1805年5月29日)

オオカミたちはしばしば夢中になって延々とおしゃべりを続ける。私たちの耳には、『スター・ウォーズ』に登場するチューバッカのしゃべり方にそっくりに聞こえた。

新しい知見

誤った俗説と闘う

俗説：オオカミは人間にとって危険である。

現実：一般に野生のオオカミは人間を恐れ、避けている。ヘラジカやピューマ、クマなどの大型動物と同様、確かにオオカミも人間にとって危険なものになる可能性はあるが、オオカミが関与した事故は非常に数が少ない。この100年のあいだに野生のオオカミによって人が死んだと報告されているのは、北米全体でわずか2件。この数字を他の統計と比較してみよう。同じく北米全体で2000年以降、クマによって殺された人は少なくとも35人、1990年以降のピューマによる死者は9人だ。ちなみにアメリカでは、犬に襲われて毎年約30人の人が命を落としている。

俗説：オオカミはたくさんの牛や羊を殺す。

現実：連邦農務省によれば、モンタナ、アイダホ、ワイオミングの3州――西部のオオカミの大部分が生息する3州――で合計600万頭以上の牛が飼われているという。連邦内務省魚類野生生物局がこの3州についてまとめた報告では、2011年にオオカミによって殺された牛の数は180頭。3万3,666頭に1頭の計算になる。同じ3州に羊は83万5,000頭おり、同局の報告によれば、2011年にオオカミによってそのうちの162頭が殺されている。5,154頭に1頭の割合だ。ただし、殺された牛や羊は均等に分布しているわけではない。ある群れによって、被害がたった1人の生産者に集中する場合もありうる。

俗説：西部に新たに連れてこられたオオカミは、再導入以前に生息していたものと比べると超大型で攻撃性がきわめて高い。

現実：ハイイロオオカミの平均体重は38〜52kg。現在ロッキー山脈に生息するハイイロオオカミは、昔からカナダとアメリカの国境地帯に住んでいるオオカミとまったく同じものだ。野生生物はみなそうだが、オオカミも人間が勝手に引いた目には見えない政治的境界線にはおかまいなしで、自由に移動する。

俗説：オオカミはワピチもシカもすべて殺し尽くしてしまう。

現実：ワイオミング、モンタナ、アイダホ各州に生息するオオカミの獲物の中心はワピチだ。だが、ワピチの数は近年安定している。それどころか、1995年にオオカミが再導入されて以降、ワピチの数はかなり増えている。ただし、オオカミのせいでワピチの警戒心が強まり、狩るのは難しくなっている。それが一部の狩猟家の怒りを招いている。

俗説：オオカミは戯れに動物を殺す。

現実：オオカミは殺した獲物を一部しか食べず、残りをそのまま放置していくと思っている人は多い。しかし、これは真実ではない。ほとんどの場合、獲物を最後まで食べ尽くす。獲物の死骸のある場所に何度も戻ってきて、時には何週間、何カ月もかけて少しずつ食べるのだ。ことに冬は、食糧の蓄えがあるかどうかが生き残りの鍵を握っている。一方で、オオカミは警戒心が強く、用心深い。そのため、他の捕食動物や人間が近づいてくると、殺した獲物を簡単に手放してしまう。オオカミが去ってしまえば、他の動物がおこぼれに預かれる。また、獲物が取る行動によってオオカミの反応の仕方が変わる場合もある。例えば、捕食動物と出会ったシカやワピチは当然逃げるが、羊の場合は逃走するのではなく、しばしば円を描くようにぐるぐると走り回る。野生生物にとっては不自然な反応だ。これによって、オオカミやその他の捕食動物の捕食反応が引き出され、一度にたくさんの動物を殺すという現象につながることがある。

狩猟をめぐる論争

人間が銃やわなでオオカミを殺したり捕らえたりすると、群れが崩壊して、きちんと機能しない小さなグループに分裂することがよくある。ソートゥース群を観察してきた私たちの経験に基づけば、なわばりの中で何か問題が起こったときに最初にそれを調べに行くのは、リーダーであるアルファの場合が多い。一方でアルファは、狩猟家にいちばん大きな「記念品」として狙われる確率が高い。小さくなってしまった群れは、経験豊かなメンバーの知識やリーダーシップを欠いて、殺すのがもっと容易な獲物を探す必要に迫られ、家畜を狙うようになる場合がある。

群れが小さくなっても、狩りをするときはいつも、少なくとも1頭の大人が子オオカミのもとに残る。すると、狩りのできるオオカミの数がさらに減ってしまうので、大きな獲物を倒すことは不可能になる。また、残されたメンバーの数が少なければ、手に入れた食糧を他の強力な捕食者から守るのにも不利になる。ハイイログマなどの大型捕食動物がまんまとオオカミの殺した獲物を横取りしてしまうことも多々ある。そうなれば、オオカミたちはまた別の獲物を捕らえなければならず、ワピチやシカの数が余計に減少することになる。

長年にわたって狩猟家たちは、巨額な資金を投じ、野生生物やその生息地の復活保全に努めてきた。代々続く牧場経営は、アメリカ西部の雄大な草原を維持するのに役立っている。人道的な狩猟の伝統は、誇りある人々によって何世代も受け継がれ、今日に至っている。だが、生態系の重要な構成要素（どんな動物であれ）を有害生物扱いすること、無差別に野生生物を毒殺すること、とらばさみやくくりわなを使用すること、四輪バギーで動物を追い回すことは、誇り高いアメリカの狩猟家の倫理にかなった伝統とは真っ向から対立するのではないだろうか。

食糧を求めて狩りをするには、群れ全員が総掛かりで尽力しなければならない。獲物の群れの中から狙いを定める、獲物を疲れさせる、獲物を倒すなど、1頭1頭がそれぞれ違う役割を担っている。ある特定の技能を持った重要なメンバーを失えば、何世代も受け継がれてきた知識の断絶が起こる。これは群れの生死に関わる問題だ。

ヒステリックな反オオカミキャンペーンを助長する自動車のステッカーは、誤った情報や根拠のない恐怖、憎悪に基づいたものが多い。

若いオオカミは、経験豊かな年上の群れのメンバーから狩りの技術を学ぶ。最初はただ見学しているだけだが、やがて実戦に参加するようになる。

牧場経営における問題解決法

アメリカ西部では、大多数のオオカミが国有林やその他の公有地に生息している。これらの土地は、家畜生産の場としても広く利用されている。捕食動物と家畜が同じ土地を共有すれば当然、問題も生じる。統計的に見れば、オオカミが与える損害は微々たるものだが、牧場主にとっては現実的に厄介な相手だ。しかし、伝統的なものから新たに開発されたものまで、人間が飼っている動物とオオカミを切り離しておくためのさまざまな方策を活用すれば、共存は十分可能だ。殺される牛や羊の数が減るということは、死ぬオオカミの数も減るということを意味する。

現代の牧夫は、油断なく家畜を見張ると同時に、オオカミの群れやその他の捕食動物の動きをモニターしている。オオカミは毎春、同じ巣穴を使うことが多いので、きちんと情報を収集した牧場主は、家畜の群れをそこに近づけないようにして、衝突を予防する。オオカミの行動は、首輪をつけ、電波を使った位置測定機器を利用すれば明らかになる。この方法は、牧夫にとっても生物学者にとっても役立つものだ。

囲いのない牧草地での放牧には、どうしても不幸な結果がつきものだ。家畜が死ぬ原因は、厳しい天候にさらされたり、病気になったりとさまざまだ。出産に伴うトラブルもある。捕食動物の食糧源になりうるこれらの動物の死体は、可能なかぎり片づけなければならない。また、捕食動物のターゲットになりやすい病気の家畜もしっかり管理する必要がある。番犬や夜間の監視員を活用すれば、家畜の群れの安全はいっそう確保されるだろう。さらに出産用の畜舎を電気柵で囲えば、赤ん坊と母親の安全を守ることもできる。

ひらひらと翻るリボンを使った「フラドリー」と呼ばれる伝統的な柵。この柵は放牧地の家畜を守るために、何世代にもわたって利用されてきた。最近では、リボンを結ぶワイヤーに電気が流れる「ターボ・フラドリー」も登場している。

自然死した動物の死骸があると、家畜のいる場所に捕食動物を引き寄せてしまう。可能なかぎり、死んだ家畜を放牧地に残しておかないことが大切だ。死骸を片づければ、オオカミもその他の捕食動物も近くにやってくることはない。

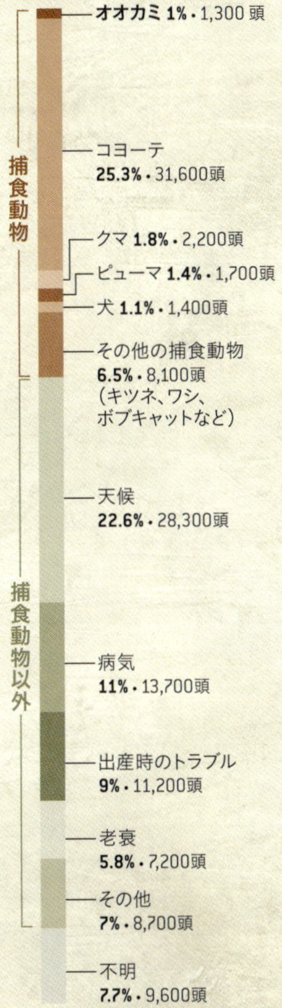

報告のあった羊の死亡数：
125,000頭
(四捨五入のためパーセンテージの合計は100を超える)

伝統的な放牧を行う牧夫。囲いのない放牧地で捕食動物と家畜双方の動きを監視するために、再び活躍するようになった。

LIVING
WITH
WOLVES

第4章

オオカミと共存する

オオカミは、人類の敵でもライバルでもない。
オオカミは、同じ生き物であり、
私たちは彼らと地球を共有しなければならない。

——L・デイヴィッド・メック（内務省地質調査所上級研究員）

ソートゥース群と共に生活し、身近に接することで、私たちはほかでは得られない貴重な体験をした。オオカミの社会的行動を観察できたのだ。

長期間、ソートゥース群の行動を観察し続けた私たちは、オオカミと群れを結びつける絆は、人間と家族を結びつける絆と同じくらい強いと確信するようになった。

2011年4月14日、米国議会は前例のない荒っぽい動きに出た。37年に及ぶ絶滅危惧種法史上初めて、立法府はある動物をそのリストから除外したのだ。その動物とはハイイロオオカミである。それまでリストからの除外は非常に面倒な手続きを必要とし、長期間の科学的検討を重ね、政府の各機関が合意しなければならなかった。そこに、オオカミが唯一の例外として登場したのだ。リストからの除外自体は採決の場にも上がらず、まともに議会で採決が行われたとすら言えなかった。いったいどうしてそんなことが可能だったのか——法律の肝心な部分は、まったく無関係に添付された付加条項として連邦予算案の奥深くに意図的に隠し込まれていたのである。

こうして、連邦政府の債務限度額をめぐって展開される激しい議論や大々的な報道をよそ目に、オオカミはひっそりと、アイダホ州とモンタナ州における連邦政府の保護を失った。これにより、州ごとに絶滅危惧種リストからの除外を決めるのが容易になったからだ。議論されることも、合意を得ることも、研究者の意見を聞くこともなかった。あるのは政略のみ——。

以前にも、オオカミを絶滅危惧種リストから外そうという試みはあった。だが、いくつもの自然保護団体が訴訟を起こして勝訴している。裁判所は、絶滅危惧種法の変更を認めなかったのだ。しかし今回、予算案に付加条項をつけた政治家たちは、この過ちから学んでいた。2011年にリストからの除外を定めた条項には、「違憲立法審査を受けない」という但し書きがついていたのである。つまり、この問題を裁判所に持ち込むことはできないということだ。

西部諸州の反応はすばやかった。州が独自にオオカミの個体数を管理できるようになると、アイダホ州は時を移さずオオカミの数は「回復した」と宣言。そして20世紀初頭以来、最も過激なオオカミ狩りを開始した。アイダホ州漁業狩猟委員会が4万3,300頭分のオオカミ狩り許可証を発行し、アイダホのオオカミを1頭でも（できれば数頭）殺すことができれば、と考える人々に売りさばいた。アイダホ州には1,000頭しかオオカミがいなかったにもかかわらずだ。州のほとんどの地域では、なんと年7カ月にも及ぶ狩猟期間が設定された。なかにはもっと長い地域もあった。また、「問題のあるオオカミ」の処理を担当する農務省野生動物局は、家畜を殺した、あるいは殺したと思われるという訴えのあったオオカミを片っ端から射殺した。そうして1年後の2012年の春までに、アイダホのオオカミは半分にまで減ってしまった。

モンタナ州の政治家たちも遠慮のなさでは引けを取らなかった。2011年に設けられた狩猟シーズンはアイダホよりいくらか短かったが、それでもその年の初めに566頭いたオオカミのうち、230頭が狩猟家や牧場主、野生動物局職員によって殺された。だが、狩猟家や牧場経営者の団体は、そんなものではとても足りないと声高に訴えた。その結果、わな猟の導入も認められ、ある団体は死んだオオカミ1頭につき100ドルの懸賞金を支払うことにした。

法律で認められた狩猟期間のない州でも、オオカミは不幸を免れなかった。例えばワシントン州では、密猟者によって、有名なルックアウトマウンテン群が完全に掃討されてしまった。カスケード山脈で唯一、生息が確認されていた群れである。また、ミネソタ州とウィスコンシン州も、西部諸州の範にならい狩猟シーズンを設けた。なかでもワイオミング州は、最も過激なオオカミ掃討計画を採用することにした。面積にして州の83％に及ぶ地域で、オオカミは害獣として年間を通していつでも発見ししだい射殺してよいということにしたのだ。しかも許可証は不要だ。

こうした動きは、常に政治的支配権に関する問題であり、野生生物のことは少しも考慮されていない。オオカミが絶滅危惧種リストから除外される1年前の2010年、アイダホ州知事のC・L“ブッチ”オッターは漁業狩猟委員会に、連邦政府のオオカミ保護政策を施行するのを止めるように命じていた。オオカミの密猟は連邦法違反だが罰せられないと、事実上宣言したのだ。オッターたちは、オオカミの数を150頭近くにまで減らすことを提言。150という頭数は、改めて絶滅危惧種法による連邦政府の保護を始めることになる境界値である。過激な人々は、自分たちがどうしたいのかよく承知している。完全なる根絶ではない。ただ限りなくそれに近い状態にしたいのだ。

政治家や役人、牧場主、狩猟家たちは、しばしば「管理」という言葉を使う。年に12カ月間ハンターがオオカミを殺すことを許可しても、それは「管理」と呼ばれる。野生動物局の職員がヘリコプターに乗り込んで、家畜を襲う群れだろうが、そうでなかろうがおかまいなしに一斉掃射を開始すれば、それも「管理」「殺処分」と呼ばれる。これは、ごく単純な前提に基づいている。オオカミの数が減れば問題も減る。オオカミを殺せば、オオカミが家畜を襲うのを抑止できる。オオカミの駆除により、ワピチのような狩猟対象動物は恩恵を被る——。

しかし残念ながら、オオカミの生態や行動について私たちが知っているすべての知識を洗い直しても、このような前提の根拠となるような事実は見つからない。実際のところ、これらの前提には悲劇的な欠陥があることがわかっている。それでも、オオカミに関する政策はすべてこれらの前提の上に立っているのだ。現在、西部諸州では、野生動物局によるものも狩猟家個人によるものも含め、狩猟及び殺処分がオオカミを殺すために用いられる公式の「管理」方法の中では圧倒的主流となっている。

これが一時的な反動だと思いたい。政治的なポーズや意図的に流される誤情報、ネット上のナンセンス……。それらの向こうに、節度のある人々の声がまだ存在している。科学について語り、進んで環境に順応しようと語りかけ、共存したいという希望をうたう声だ。オオカミが再導入された理由には、しっかりとした根拠がある。目指すのは、アメリカの食物連鎖の頂点に立つ捕食動物を復活させ、貴重な生態系に適切なバランスを取り戻すことだ。オオカミと最も近いところで働いている人々は、オオカミと共存しても、アメリカの牧場経営や狩猟の伝統が失われたり、それに携わる人々の生活が脅かされたりすることはないと信じている。彼らは、そして私たちも、それは可能だと確信している。

オオカミと家畜

もし地元の牧場主の方々の協力がなければ、私たちはソートゥース群と一緒に暮らして、じっくりと観察を続け、豊かな経験を積み、映画や本を世に送り出すことはできなかっただろう。彼らは、ウルフキャンプに行く私たちが彼らの所有地を通ることを許してくれ、たびたび私たちのもとを訪ねてくれた。それは単に好奇心からだけでなく、悠久の昔から続く人とイヌ科動物との絆に引き寄せられたからでもないだろうか。アメリカ西部の何もない無人の広大な荒野や独立精神、ワイルドなライフスタイル——そういった西部観は、牧場という文化によって形づくられたものだ。

牧場経営は、アメリカ人全体が受け継いできた遺産の一部である。牧場経営に携わる人々が、その伝統から離れ、即座に新しいルールに適応することを期待するのは現実的ではないし、実務的にも無理だろう。けれども、牧場主たちが利用している土地の大部分（何百万haもの土地）は公有地であり、人間の利益と野生生物の必要とするものが混在する場所である。公の土地の大半は牧場主たちが自由に使えることになっており、アメリカ西部のオオカミの大多数が国有林に住んでいるのだ。もしこの地をオオカミと共有しようと考えるならば、人間も学び適応する必要がある。オオカミがいない状況で行われてきた牧場経営のやり方を、オオカミの存在する場所でそのまま続けることは不可能だからだ。

オオカミが補食動物であることは否定しようがない。そして捕食動物は、時として牛や羊を襲うことがある。しかし、実際にどれほどの牛や羊が被害に遭っているのだろうか？　連邦農務省によれば、モンタナ、アイダホ、ワイオミングの3州——西部のオオカミの大部分が生息する3州——で合計600万頭以上の牛が飼われているという。連邦内務省魚類野生生物局がこの3州についてまとめた報告では、2011年にオオカミによって殺された牛の数は180頭。3万3,666頭に1頭の計算になる。同じ3州に羊は83万5,000頭おり、同局の報告によれば、2011年にオオカミによってそのうちの162頭が殺されている。5,154頭に1頭の割合だ。

これらの数字をまとめると、オオカミによる被害は全体の1%をはるかに下回っている。にもかかわらず、注目と怒りの90%を彼らは引き受けているのだ。悪天候、病気、出産時のトラブル、老衰が原因で死ぬ家畜は、すべての捕食動物による被害を合わせた数よりもずっと多い。だが、羊を救うために天候を変える努力をしようなどと提案する者はいない。ただし、ブラックリストに載るような群れが、同じ家畜の群れを何度も襲うことはありうる。そうなれば甚大な経済的被害がたった1人の生産者に集中することになる。とはいえ、そのようなケースは、何百万頭もの羊や牛が自由に歩き回っている地域で単発的にしか起こらない。

これまでのところ、家畜被害の対策は対症療オオカミは人間に対する警戒心が非常に強い。彼らが用心深くなるのにはそれなりの理由がある。アメリカに渡った開拓者たちが西進するのに伴って、およそ100万頭の仲間が殺されてきたのだ。オオカミ再導入とともに、今またオオカミに対する憎悪も再燃している。

法的なものが中心だった。殺処分と補償（家畜を失った牧場主に補償金を支払う）の二本立てだ。どちらもオオカミによる経済的損失を軽減し、牧場主の不満を和らげるために導入された。簡単に言うと、オオカミに家畜を殺された牧場主はその代金を受け取り、その損害を引き起こした疑いのあるオオカミが殺されるということだ。

殺処分を正当化し、牧場主への補償金支払い手続きを始めるためには、農務省野生動物局が公認するわな猟師が死骸を検分して、正式に「オオカミに殺された」と認定しなければならない。この二本立ての方策によって、人々に広くオオカミの存在を受け入れてもらえれば、という意図もあったのだが、実際には狙った効果が出ていない。場合によっては、反感を増大する結果にもなっている。

1997年まで野生動物局は、動物被害管理局というもっと業務内容に則した名称だった。26年間野生動物局に勤め、最後の10年間はこの組織のオオカミ管理専門家として働いてきたカーター・ニーマイヤーは、在職中、多くの死んだ牛や羊を調べてきた。やむをえず何頭かのオオカミを殺したこともある。そのような立場ゆえに、彼はオオカミ論争の真っただ中に身を置くことになった。そして、あらゆる方面から攻撃される立場になったのだ。彼の回顧録『オオカミ屋』には、野生動物局公認のわな猟師が置かれた苦境がつぶさに描かれている。

わな猟師は、昔も今も仕事場の近くに駐在する。アメリカ西部において、それは牧場のある田舎に住むということを意味する。わな猟師の子どもたちは、牧場主の子どもたちと同じ学校に通う。買い物をするのも同じ食料品店だ。わな猟師たちが、牧場を経営する隣人たちを敵に回したくないと思うのはやむをえないことだ。牧場主が牛を殺したのがオオカミだと考えれば、わな猟師はそれに異を唱えることはしない……動物被害管理局の報告書の書式には、家畜の死んだ現場についてわな猟師がコメントを書き加えるスペースはほとんどなかった。だが、そんなスペースはまったくもって不要だ。牛がなぜ死んだのか、その答えはごく単純だからだ。オオカミが殺した、以上。

生物学に詳しい野生動物局のわな猟師はほとんどいない。法医学的な専門知識よりも、オオカミを殺す技術のほうが重視されるからだ。生物学の学位を持ち、ベテラン剥製師でもあったニーマイヤーがたどり着いた牛や羊の死因は、周りの人があまり歓迎しないものである場合も少なくなかった。そのため、どんな報告書にも「死因：オオカミ」と何も言わずに書いてくれるような男ではない、という評判で有名になる。それゆえ西部のお偉方からはだいぶにらまれていた。しかし同時に、厳正中立な専門家という評価も得た。

ニーマイヤーは、補償事業と過度の殺処分は問題を解決するどころか、逆に永続させてしまうと信じている。彼と意見を同じくする生物学者も増えている。ある家畜の死を誤ってオオカミによるものと判断してしまうことによって、不幸な結果がさらに不幸な結果を招く負の連鎖が始まってしまうからだ。まず、補償金を受け取る権利のない牧場主の懐に金が入ってしまう。税金の使い道としてはとても最善とは言えない。さらに、公的な統計の数字がゆがめられ、オオカミは実際以上に家畜を殺しているという非難を受ける。そして、その罪を贖うためにオオカミが死ぬ……。

この制度を悪用し、そもそもオオカミの復活など見たくもないと思っている牧場主の観点からすれば、どちらに転んでもうまい話だ。だが、きちんとオオカミの管理を行おうという観点からすると、これは非常に残念な結果と言うしかない。うまくいかない原因はただひとつ。対症療法ばかりで、まったく予防が行われていないことだ。

とはいえ、熱心に自ら進んでさまざまな予防措置を講じている牧場主も少なくはない。しかし残念ながら、何かと言い訳を見つけて、すでに効果が検証済みの家畜を守る技術を導入するのを拒んでいる牧場主もいる。そんな技術は無駄だ、非現実的だと主張して、オオカミとの共存へと至るあらゆる進歩の道を遮断してしまう人たちだ。一方で、そんな人たちのすぐ隣で彼らの意見が間違っていることを証明している人たちもいる。

例えば、ある牧場主は生物学者や現場の技術者と協力して、各種の警報システムなどの科学技術を駆使した方策を利用し、オオカミが家畜を襲うのを未然に防いでいる。電気が流れるワイヤーに赤いリボンを結んだターボ・フラドリーは最長60日間、オオカミを遠ざけておけることが証明されている。最も狙われやすい時期の子牛や子羊を守るための追加措置としては十分な長さだ。

しかし、オオカミは頭の良い生き物だ。彼らをだましても、問題の解決には至らないだろう。それよりも、オオカミの知性や社会性にうまく対応した方策を考えれば、もっと良い結果につながるはずだ。オオカミは学習し、自分の知識を他のオオカミに伝える。オオカミの習性の中でも非常に重要なこの事実が、現在の管理方法ではしばしば無視されている。残念ながら現在の私たちは、私たちの財産や土地に近づかない「良いオオカミ」と、家畜を襲う常習犯の「悪いオオカミ」という発想に陥っている。けれども、オオカミに良いも悪いもない。オオカミらしい行動をするオオカミがいるだけだ。

一般のオオカミは、家畜よりも自然界の獲物を狙う。だが、彼らはさまざまな工夫をするし、好機があればどんどん利用しようという肉食動物である。見たことのない動物がいればちょっかいを出してみる。獲物になるかどうか試すのだ。もしその動物がオオカミのちょっかいに反応して走り出せば、彼らは追いかけて殺す。飢えたオオカミが、あまり馴染みのない動物の死骸に試しに手を出してみることもあるだろう。重要なのは、何か新しいことを試してみようとオオカミに思わせるような誘惑を減らすことである。

公有地における管理の在り方

現在の牧場経営のやり方に基づいて、あるシナリオを考えてみよう。夏の初め、牧場主は牛を連れて国有林にやってくる。そこに置いていかれた牛たちは、自由に歩き回って草をはむ。2、3週間後、牧場主は群れの様子を確認するために戻ってくる。すると、子牛が2、3頭死んでいた。このあたりにオオカミがいることは知っている。それを見た牧場主は、これはオオカミのせいだと考える。何百年も前から、そう考えるのが当たり前になっているからだ。オオカミは子牛を1、2頭襲ったかもしれないし、襲っていないかもしれない。死骸はすでに、あたりに住んでいるあらゆる種類の捕食動物や清掃動物に食い荒らされている。その中には当然、オオカミも含まれる。したがって、剖検に熟練した生物学者でもなければ、死因を確実に特定するのは不可能だ。そして、できるだけ反感を持たれたくない農務省野生動物局の職員は、公式な報告書でこれは「オオカミによる死」であると認め、わなや銃を使って「悪いオオカミ」の処分に取りかかる――。

仮に、オオカミが本当に犯人だったらどうなるだろう？　野生動物局が殺すのは群れの数頭で、全メンバーを殺すことはない。群れの一部を選んで駆除することによって、その群れの家畜を襲う習性は取り除けるかもしれないし、取り除けないかもしれない。生き残ったオオカミたちは同じ地域に留まるかもしれないし、新しいつがい相手や自分を受け入れてくれる群れを求めて何百kmも移動するかもしれない。

いずれにせよ、彼らは、家畜を殺すのは食糧を手に入れる手っ取り早い方法だということを学習してしまっただろう。その知識を持って、彼らは行きたい場所へどこにでも行く。そして、新たな群れの仲間や子どもたちに、そのやり方を教える。一方で、家畜を襲ったオオカミたちは、家畜の群れの中に人間がいるのを見ていない。したがって、彼らは必ずしも牛と人間を関連づけて考えることができるようになるわけではない。

また、オオカミの群れの一部を殺しても、彼らに家畜を避けることを教え込むことはできない。イヌ科の動物は賢いけれども、抽象的な思考はしない。ゴミ箱を漁った犬を2週間後に叱って、犬にそのつながりを理解させることができると思う人は誰もいないだろう。結果的に、このような対症療法的な方策は、問題を悪化させる可能性を秘めている。一時的にオオカミは減るが、生き残ったものたちがつがいとなって子どもを増やし、牛を殺す方法を他のオオカミ、他の地域にまで広げてしまう可能性があるからだ。

しかし、同じ土地に住んでいながら家畜を襲おうとしない群れが2、3あって、その群れが安定した健全な状態を保っている――牛、オオカミ、人間の三者にとって、これほど望ましい状態はないだろう。分散したオオカミたちが新しい土地で新しい群れをつくり、子どもたちに牛や羊は獲物として適切ではないと教えてくれれば、これ以上望ましいことはない。そんなことが、たった1つごく簡単な方策を取るだけで完全に可能になる。人間による警戒を強めるのだ。捕食動物の存在が当たり前のこととして受け入れられていた時代にさかのぼり、より伝統的なやり方に回帰するのである。実際、現在でもこのようなやり方をしている場所は世界各地にある。

例えば、山岳家畜協同組合という団体では、牧場主と生物学者が手を組み、牧場経営や放牧のやり方を変えていこうとしている。牧場主の経済的利益を増大させつつ、一般の人々がオオカミやクマなどの捕食動物に向ける批判を和らげるのが目的である。その先頭に立って努力を続けているのが生物学者のティモシー・カミンスキーだ。1970年代からずっと、オオカミの復活や再導入を目指す活動をリードしてきた人物だ。彼は、問題をごく簡潔に総括している。「オオカミと家畜との相容れない関係に対処する現在のやり方は、『目には目を』式対症療法である。この方法には、オオカミと獲物の行動に関する私たちの知見がまったく取り入れられていない」

彼らが始めたのは、牧場主が持っている畜産に関する専門技術と、大型肉食動物の行動についての生物学者の知識を融合させせようという新しい取り組みである。彼らはまず、牛や羊をヘラジカやワピチといった自然界にいる獲物と同じようなものとして考えた。そうすることで、野生の捕食者と被捕食者の関係がどういう変化をたどるのかを研究してきたカミンスキーと仲間の研究者たちによって、なぜ家畜が狙われやすいのかがしだいに明らかになってきた。カミンスキーの調査によれば、オオカミに殺された牛の99%近くは生まれて2年未満だった。そのような牛が狙われやすいのは、身体のサイズのせいではなく、その行動が原因なのだという。それはつまり、こういうことだ。

獲物が逃げると、オオカミの補食本能が始動し、追跡を開始する。しかし、通常は家畜の牛も、野生のバイソンと同様、その場に踏みとどまって正面からオオカミと対峙する。ところが2歳未満の若い牛は、オオカミにプレッシャーをかけられると、しばしばパニックに陥って走り出す。このパニック反応がオオカミの本能的な追跡行動の引き金となり、家畜イコール狙いやすい獲物という関連づけが確立してしまうのだそうだ。カミンスキーと山岳家畜協同組合の牧場主は、オオカミにこのような関連づけができてしまわないように目を光らせ、多数の家畜の群れを守っている。

夏になると組合の牧場主たちは牛を公有地に放牧するが、このとき、往年のカウボーイさながらに馬に乗った牧夫が複数の群れを追って行く。そして、1つの群れに人間がついている時間を、2日おき程度の頻度で確保する。人間が警戒しているぞ、と先んじてオオカミに強調するわけだ。これを継続的に実行すると、学習能力の高いオオカミはすぐに覚えてしまう。こうして彼らの捕食行動を妨害すれば、望んでいた結果が得られる。オオカミは、家畜を食糧源として当てにすることはできないと考えるようになるのだ。

前にも述べたように、死因が何であれ、家畜が死んだら捕食動物を引き寄せないように死骸を片づけるのが理想だ。とはいえ、夏の放牧地は広大だから、確実に片づけるのはなかなか難しい。だが、カミンスキーたちのように定期的に馬で巡回していれば、死骸の発見も容易だ。また、捕食動物と出くわす確率が高いそのような場所から家畜の群れを遠ざけることも可能になっている。

それでも家畜の群れに目をつけるオオカミがいれば、警戒していた牧夫からの攻撃的な出迎えを受ける。追いかけたり、しつこく脅したり、ベアバンガー（捕食動物を脅して追い払うための爆竹）などを鳴らしたり、威嚇射撃をしたりするのだ。これによって捕食行動は中断され、この経験からオオカミは嫌な思いをしたと学習する。夏は、オオカミが子育てをする季節でもある。だから牧場の経営者や牧夫たちは、その地方のオオカミの群れの巣穴と合流場所の位置をあらかじめ確認しておき、危険が高まるその場所へ家畜を連れて行くのを避けるべく注意を払っている。

このような方策はすべて、私たちの望み通りに行動する――家畜に近寄らない――ことをオオカミに教え込み、私たちが望まないことをオオカミが行うのを困難にする。こうした方策を継続的に繰り返すことによって、オオカミたちが記憶し、絶えず警戒心を怠らないようになったことを示唆する証拠もある。家畜と人間を関

1990年代半ば、カナダで捕獲されたオオカミがアイダホ州中央部とイエローストーン国立公園に再導入された。このオオカミたちは、1973年に成立した絶滅危惧種法によって30年余りにわたって保護されていた。

連づけて考えるようになるのだ。カミンスキーは実際、まったく捕食行動を始める気配もなく、ただどこかへ移動中ですという顔で牛の群れの中をまっすぐ通過していくオオカミをたびたび観察している。

長期的には、オオカミ自身が群れの仲間に、家畜ではなく自然界にいる獲物を狩れと教え、学習したことが世代を超えて受け継がれていくことが望ましい。もしこうした努力が実を結べば、オオカミと牧場主が共に恩恵を受け、公有地にオオカミが存在することの重要性を信じるすべての人のためにもなるだろう。

ただし、このシステムには1つ大前提がある。死んだ子牛や羊が発見されるたびにオオカミが殺されるという状況を変えなければ、このシステムはうまく働かないのだ。カミンスキーは言う。「死んだオオカミは何も学ばない。問題の起きた地域から彼らを駆除しても、別のオオカミたちが再び問題を引き起こすスペースをこしらえるくらいの効果しかない。我々は、人々と協力して問題を減らすような新しい管理手法に取り組む必要がある。問題を増やすような管理手法ではなく」

狩猟に関する問題

2011年以前、オオカミ駆除は農務省野生動物局などの政府機関の仕事だった。だが、絶滅危惧種リストからハイイロオオカミが除外されて以降、モンタナ州とアイダホ州では、20ドル支払えば誰でも前述のように合法的にオオカミ狩りができるようになった。さらに他の州も、すでに続々と後に続いている。狩猟、特にわな猟も許可されると、オオカミの数は劇的に減少する。しかし、それを唯一の目的としてよいのだろうか。死んだオオカミと崩壊した群れに関してティモシー・カミンスキーは、銃弾によってであろうがとらばさみによってであろうが、経験の浅い追い詰められた5頭のオオカミがちりぢりになったら、安定した15頭の群れよりも多くの厄介な問題を引き起こすだろう、と結論づけている。

ソートゥース群では、最も警戒心が強いのはアルファのカモッツだった。耳慣れない音など何か異変を感じると、真っ先にそれを調べに行った。このような行動は、アルファ雄やアルファ雌がターゲットになる可能性を高める。さらに、狩猟の記念になるような獲物を探すハンターは、いちばん大きな個体、すなわちアルファ雄に狙いを定める。アルファなど群れのリーダーを失うと、その群れは壊滅的な影響を被る。彼らは知識の担い手であり、若い世代の教育者でもある。だからリーダー格の大人がみんな死ねば、連綿と受け継がれてきた群れの文化が断絶してしまう。そうなれば、多くの場合、群れの崩壊が起こる。優位性と繁殖する権利をめぐる内部抗争が勃発することもあれば、繁殖ペアがいなくなって群れの団結力がすっかり消滅してしまう場合もあるのだ。

その影響が1つの群れの中だけでは収まらず、さらに大きく広がる場合もある。本来なら、あと1、2年は群れに留まっていたはずの若いオオカミたちが群れから切り離され、放浪したあげくに行き場を失ったもの同士でグループをつくったり、ディスパーサーとなって繁殖相手を探したりするようになることがあるのだ。

いずれにせよ、彼らにはしっかりとした教育が施されていない。オオカミを回避する能力を進化させた大きな獲物を見つけて倒す方法は教わっていないし、たとえうまく見つけて倒せたとしても、その獲物を他の捕食動物から守る力はない。仲間が5、6頭いれば、体重220kgのハイイログマを追い払うことは可能だが、2、3頭ではご馳走を簡単に奪われてしまうだろう。そうなればまた獲物を倒しに行かなければならない。結果、追い詰められたオオカミたちは、そうでもなければ忌避することを学習したであろう、捕らえるのが容易な獲物、すなわち人間の飼っている牛や羊に手を出さざるをえなくなる。襲われる家畜の数が増えれば、最終的に殺されるオオカミも増える。そうやって負の連鎖は続いていく。すべては、オオカミの数をコントロールしようとする誤った情報に基づく努力のせいだ。

にもかかわらず、オオカミ狩りはこれからも法律で認められたままになりそうだ。少なくとも近い将来に状況が変わることはないだろう。管理手法としての有用性に疑問がありながら、オオカミ狩りは物事を自らの管理下に収めているという感覚を人々に与えるためだ。だが、オオカミを個体数という観点のみから見るのではなく、社会性のある複雑なグループ、つまり家族という観点から見るようにならなければ、あるいは、オオカミの数が減少するのに伴って家畜の被害も減少すると信じ込むのを止めなければ、期待は裏切られるだろう。結果的に、必要以上の家畜を失い続けることになるからだ。そうして、オオカミは必要以上に憎まれ続けることになる。

西部の狩猟家の多くは、オオカミの再導入によって、そこに住んでいたワピチの数が激減したと言っている。さらに狩猟家の団体は、ワピチの個体数が間もなく危機的な状況に陥るだろうと予測している。しかし、公的機関による狩獣数調査ではまったく違った結果になっている。例えば、2007年にモンタナ州が行った調査では、オオカミが戻ってきてからの12年間に、実際にワピチの個体数減少が見られた地域は一部だけで、州全体では9万頭から12万頭に増えていた。2011年にはさらに増え、モンタナ州全体のワピチの生息数は14万613頭と推計されている。

懐疑的な狩猟家たちは、このような報告を「政府お得意の作り話」と受け止めている。実際、彼らがいつもの猟場に出かけて行っても、ワピチをまったく見かけないことが多くなっているのは確かだ。だがそれは、オオカミが殺してしまったからではなく、彼らの存在がワピチの行動パターンを変化させてしまったからだ。ワピチたちは、私たちが彼らの天敵をたくさん殺してしまう以前の行動パターンに戻ったにすぎない。もはや、無防備に開けた草地で何時間ものんびり草をはむようなことはない。彼らは警戒心のレベルを上げ、絶えず移動を続け、森の中に隠れ、周囲よりも高い場所に避難するようになったのだ。

北米のワピチに最も影響力のある捕食動物は、人間のハンターを除けばオオカミである。オオカミは狩りをするとき、獲物の群れを追いかけ、弱みを見せるものを探す。パワーのあるクマやピューマは待ち伏せして奇襲攻撃を加えられるので、そのようなやり方はしない。悠久の時を経て築かれたオオカミとワピチの関係は、基本的にオオカミの狩りのスタイルをもとにして形づくられてきた。近くにオオカミがいるとき、ワピチは進化させてきた逃避行動パターンを取る。それに応じてオオカミも狩りの方法を進化させる。つまり、双方ともに相手の行動の変化に応じて進化してきたということだ。

オオカミの復活によって、ワピチの群れの摂餌パターンが変化している。もはや、無防備に開けた草地で何時間ものんびり草をはむようなことはない。ワピチたちは警戒心のレベルを上げ、絶えず移動を続けている。

私たちは、こうした単純な変化が引き起こす壮大な影響について、ほんの少し理解し始めたにすぎない。最近まで、議論の中心はオオカミから被る被害——実際の被害も、推測されただけの被害も含めて——だけで、方程式の右辺、つまりオオカミが環境に与える影響についてはずっと無視されてきた。しかしオオカミの存在には、生態系全体を変容させるパワー、復活させるパワーがあるのだ。

ポプラやカゲロウとの関係

私たちは普通、ある風景と、その中にいる動物とを別のものと考える。そうすれば、いなくなれば私たちの利益につながると思われる2、3種の動物を駆除することも容易に正当化できる。気に入らない生き物を抹殺すれば、生態系の営みは以前よりもさらに順調になる、というわけだ。しかし、動物のことを学べば学ぶほど、それは大きな思い違いであることを痛感させられる。本当は、風景と野生生物は不可分な存在なのだ。

オレゴン州立大学で保全生物学を研究しているクリスティナ・アイゼンバーグの専門は、オオカミと生態系の関係だ。著書『オオカミの歯』の中で、彼女はモンタナ州グレーシャー国立公園東部の、ある川沿いの草地を秋に訪れたときのことを詳しく書いている。この地域には冬になるとたくさんのワピチがやってくるが、オオカミはいない。その地に生息しているポプラの木について、彼女はこう書いている。

> この新しく生えてきた若木の幹はねじ曲がり、傷跡が残っている。ワピチにさんざん食い荒らされた証拠だ。多くが若葉を食べられすぎて生育不全に陥っている。草食動物に無制限に食い荒らされたせいで、幹は太くはなっているものの、上に伸びておらず、枯れかけていた。草食動物の口が届く高さ以上に幹が育っているのは、長さ7cm以上もある恐ろしげな棘で武装したサンザシの茂みによってつくりだされたレフュジア［訳注：厳しい自然条件に囲まれながら、周囲では絶滅した生物がそこだけ生き残っている場所］の真ん中に立っている木だけだ。このように守られているもの以外で2年以上生き延びた木は、幹が黒ずみ、何十年にもわたってワピチにかじられ続けた傷が一面についている。

アイゼンバーグは、グレーシャー国立公園の別の地域についても書いている。川沿いに広がる同じような土地だが、ここにはカナダから国境を越えてやってきたオオカミがいて、なわばりを構え、巣穴を掘っていた。

> 巣穴の周囲の木は生き生きと生長していた。ワピチの背が届かない高さ —— 通常2mほど —— まで成長した若木がたくさんある。だが、これらの木にも、少しワピチに食べられた跡が見られた……詳しく調べてみると、ここのワピチは1カ所に留まってポプラの若芽を根元まで食い尽くすのではなく、もっと控えめな食べ方をしていることがわかった。おそらく一口か二口食べては、あたりを見回してオオカミがいないかチェックし、すぐに場所を変えて別の木の葉を食べる、というようなパターンを取っているのだろう。

アイゼンバーグが語っているのは「恐れの生態学」だ。オオカミがワピチに及ぼす影響は、捕食して数を減らすといった単純な影響をはるかに超えている。襲われる可能性、慎重に行動し警戒する必要性があるだけで、その群れの行動には非常に大きな変化がもたらされるのだ。ハンターがワピチを発見するのに苦労するようになったのは、オオカミの巣穴付近のポプラが成長するチャンスを得たのとまったく同じ理由からだ。ワピチがオオカミを警戒して、腰を据えて幹の中心まで若木を食い尽くすのではなく、あちこち移動しながら少しずつ葉を食べるようになったからだ。生物学者の言う「栄養段階カスケード」（生態系全体を通じてさざ波のように広がる連鎖反応）の小さな1つの連鎖だ。

栄養段階カスケードは、生物学の中でも比較的新しい研究分野だ。それでも、その言わんとするところはすでに明確になっている。ある生態系の要素が1つ変化したとき、その変化による結果が累積していくとどうなるか――すぐに人の目に見えるような変化には至らないが、その影響は非常に広い範囲、非常に深いレベルにまで及ぶ可能性がある。干ばつや山火事のように大きな力は甚大な影響を及ぼすが、例えば自生していない植物を移入するといった、もっと目立たない変化も同じくらい重大な影響力を持っているのだ。つまりアイゼンバーグは、オオカミの存在が、自然界が持つ強力なパワーの一翼を担っていることを発見したのである。

イエローストーン国立公園ほど、この栄養段階カスケードという現象が詳しく研究された場所はない。この地域は20年も経たないうちに、まったくオオカミのいない土地から、世界で最もオオカミ密度の高い場所の1つへと変貌したのだから、絶好の研究場所と言えた。当初から生物学者も、この捕食動物の復活が他の動物相に何らかの影響を与えるだろうとは予測していたが、場所によっては、予想よりもはるかに深いレベルにまで変化が達していた。

例えば、以前はワピチによる影響が甚大だった小川の土手沿いの土地で、ヤナギやポプラが復活し始めた。ひづめに踏み荒らされて崩れかけていた土手にも、野の花が咲き誇るようになった。花は昆虫を養い、昆虫は密生したヤナギの木に巣をかけた小鳥の餌になる。木の下の水は、日陰になって冷たく澄む。水生昆虫にとってはずっと住みやすい環境だ。また、お気に入りの食糧と巣材が再び出現したおかげで、ビーバーの活動が盛んになり、広々とした湿地帯がつくりだされた。その湿地帯を目指してカエルやハクチョウ、カナダヅルもやってくるようになった。

オオカミが生態系の中にどのように組み入れられ、山火事のような他の大きな力と関わりながらどのようにして栄養段階カスケードを生み出すか、科学者たちの研究はまだ始まったばかりだ。上記のような深い変化が、オオカミの復活した土地すべてで起こるわけではない。

だが、詳しい研究が進み、生物学者がさまざまな点をつないで線にしようと努力している場所では、連鎖の道をたどっていくとオオカミへと行き着いた。ニジマスがカゲロウの幼虫をがぶりと食べるとき、はるかかなたでは食物連鎖の頂点に立つ捕食動物と大型の被捕食動物がダンスを踊るように地上で駆け引きをしている――この2つの現象は、一見まったく無関係な出来事のように思えるが、実は深く複雑に絡まり合っている。「自然は一体」などといった抽象的な意味で言っているのではない。計量可能な事実なのだ。

オオカミの存在は、その土地に住んでいる他の捕食動物にも影響を与える。イエローストーン国立公園や、その近くのグランド・ティートン国立公園にオオカミがいなかった時期、コヨーテがその数を大幅に増やしていた。この2種の動物はよく似ているが、捕食動物としては異なる生態学的地位を占める。コヨーテの主な食糧は、齧歯類とプロングホーンの子どもだが、オオカミは、プロングホーンよりも大きくてスピードの遅い獲物がいれば、プロングホーンにはめったに手を出さない。そのため、オオカミがいなくてコヨーテが増えすぎた場所では、プロングホーンの数が急激に減少した。さらに、イエローストーンの一部地域では、コヨーテによってネズミの85%が食い尽くされたと見積もられている。

この地にオオカミが戻ってくると、なわばりをめぐってすぐさまコヨーテとの競争が始まった。そしてオオカミは、自分より小柄なこのイヌ科動物をたちまち追い払ったり、殺したりしてしまった（ちなみに、コヨーテによる羊の被害はオオカミよりもはるかに多い。このことを考えれば、羊を襲うコヨーテの数を制限する上でオオカミがどれだけ役に立っているか、羊毛生産者は記憶に留めておくべきだと思うのだが）。そこでコヨーテも、ワピチと同様、オオカミに対処するために行動パターンを変化させていった。単独で暮らすことが少なくなり、社会性が強くなって（よりオオカミ的になるということだ）大きな群れで仲間と一緒に過ごすようになったのだ。これは、おそらく身を守るためだろう。

そうしてコヨーテの数が減り、オオカミとの力関係が安定すると、プロングホーンの数が回復し、齧歯類の数も元に戻った。しばらくすると、猛禽類、キツネ、イタチ——齧歯類を主食にするあらゆる小型捕食動物——の数が増えていることに生物学者たちは気づいた。つまり、オオカミは1頭の動物を殺すのと同時に、10種を超える動物たちを養っているのだ。オオカミが獲物を倒すと、最終的にはその恩恵が生態系全体——クマからクズリ、ワタリガラス、トガリネズミ、さらには土壌そのものやそこに生える植物に至るまで——に及ぶということだ。ごく最近まで私たちは、オオカミを消費するだけの存在と考えていた。他の動物の脅威となり、殺すだけの存在だと。彼らが自然界でも指折りの扶養者であったことが判明するとは、なんと皮肉なことだろう。

それでも狩猟家たちは、自分たち人間がオオカミなどの補食動物の役割を代行できる、あるいは代行すべきだとしばしば考える。けれども、狩猟家がオオカミのようなやり方で生態系から受け取った恩恵を還元することはない。狩猟家は、最も健康で身体の立派な獲物を選ぶが、オオカミはもっと弱い、より少ないリスクで倒せる動物を狙うことが多い。通常はいちばん若いもの、年老いたもの、怪我をしたもの、そして（これが最も重要なのだが）病気にかかった個体だ。

例えば慢性消耗性疾患［訳注：シカのプリオン病。脳がスポンジ状になる］は、一気に広がってワピチやシカ、ヘラジカの数を激減させることがあるが、オオカミは病気の個体を取り除くことでその群れの個体間の感染を防ぐ。それだけではない。オオカミがいることで群れは常に移動し続ける。身体を寄せ合ってじっとしていることが少なくなるため、病気が蔓延する確率も低くなるのだ。

結論から言うと、オオカミは獲物の数を増やしたり減らしたりするわけではない。数を安定させるのである。いちばん健康状態の悪いものが取り除かれ、残ったものたちは感覚が鋭く磨かれる――時間とともに、これが被捕食動物の遺伝的陶太の道筋を決める。そうして群れはより強くなり、病気にかかりにくくなる。さらに、自分自身の大切な食糧である植物を食い尽くしてしまうことも少なくなる。そのため、個体数が極端に増減することも減る。アルド・レオポルドの言う「数の増えすぎによる死」といった不幸な結果に陥ることもなくなるのだ。

オオカミというたった1種の捕食動物が復活しただけで引き起こされた、この驚くべき変化の数々は、どんな小さな生き物であっても、すべての生物が同じようなパワーを持っていることを示している。栄養段階カスケードは、トップダウン式に起こる場合もあれば、ボトムアップ式に起こる場合もある。あらゆるものがきっかけとなって、あらゆる方向に向かって広がっていくのだ。

オオカミは、火事や干ばつといった他の大きな力と同様、生態系全体に波のように広がるエネルギーを発生させ、より健全な共同体をつくっていく。オオカミがアメリカ西部から駆除されつつあったのと同じころ、私たちは山火事を意図的に消火するようになった。これもやはり人間による「管理」だ。しかし、火事が起こると栄養分が急激に増え、ポプラが一気に成長する。こうしてポプラは、火事とワピチを捕食してくれるオオカミに頼りながら、しぶとく生き続けるのだ。

オオカミを復活させることがカゲロウの命に反映されるように、たった1つの植物や昆虫が消滅したり復活したりすることが、オオカミの命にも何らかの影響を及ぼす。クリスティナ・アイゼンバーグが言っているように、「まったく存在価値のない生物は1つとしていない。なぜなら、すべての生物が、生態系が効果的に機能するのに力を貸しているからである……ある種の小さなキツツキやクモがなぜ必要なのか、私たちにはわからない。だが、そのような生き物も含め、生態系のすべてのパーツを大切に取っておくことは分別のあることだ。なぜそうなのかは、きっと後になってわかるだろう。もしかしたら後の祭りになるかもしれないが」

すべての生物がまぎれもなく関わり合っている。そしてオオカミなどの大型捕食動物は、環境に大きな影響を及ぼす力を持っている。オオカミがある地域で復活すれば、その地域の他の生物――植物も動物も――の数や分布、行動パターンも変化する。それによって、オオカミはその土地の風景そのものを変化させる。日光や降雨、山火事と同じように、オオカミも、その土地を豊かにする自然の力なのだ。それは、私たち全員が共有する贈り物にほかならない。

かつての生息地にオオカミが戻ってくると、生態系が活性化し、いろいろな変化が起こる。例えば、猛禽類からプロングホーン、ポプラの木からニジマスに至るまで、さまざまな生物の数が増える。こうした役割を持つオオカミは、環境の要となるキーストーン種と考えられている。

群れのオオカミたちは、しばしば気の毒なオメガの周りに暴徒のように群がる。ラコタ（写真で集団のいちばん下に押さえつけられている）にこのような攻撃が加えられると、彼と仲良しのベータ、マツィは心配そうな顔をした。この写真では、右端から状況をじっと見つめているのがマツィ。時にはマツィが攻撃を仕掛けてくるオオカミを身体で受け止め、格闘を止めさせせることもあった。この写真を撮影したときは、ラコタは身を伏せて虫のように地面を這い、自ら包囲網から脱出した。

オオカミは、群れを強くするためにあり、
群れは、オオカミを強くするためにある。

ラドヤード・キップリング『ジャングル・ブック』

私たちには、これまでとは違う動物の概念が必要だ。
もっと賢明で、おそらくはもっと霊的な動物の概念が……
彼らは不完全な存在だし、
私たちよりもはるかに劣る姿を持つという
悲劇的な運命に見舞われた存在だから、
と言って私たちは動物の庇護者ぶってきた。
だが、そこに私たちの誤謬《ごびゅう》がある。重大な誤謬だ。
動物を人間のものさしで測ってはいけないのだ。
私たちの世界よりも古く、完全な世界において……
私たちがすでに失ってしまった、
あるいは初めから獲得したことすらない鋭い感覚に恵まれ、
私たちの耳には決して届かない声に従って生きている。
彼らは同胞ではない。下僕でもない。
彼らは、私たちとともに生命と時の網の中に編み込まれ、
私たちと肩を並べる別の民族なのだ。

ヘンリー・ベストン『ケープコッドの海辺に暮らして』

次頁：ラコタが、友だちで群れの調停者でもあるマツィだけは自分をいじめない、時には優位性を誇示しようとする他のオオカミたちから自分を守ってくれることもある、ということを知っていたのは確かだ。2頭はよく並んで眠っていた。それだけでなく、マツィが探検に出かけるときには、しばしばラコタもついていった。マツィも、ラコタと一緒にいることを心から楽しんでいるように見えた。

マツィと一緒にいると、ラコタは他のもののそばではとてもやる勇気が出ないようなことでも気兼ねなくやることができた。ラコタには、遊びに誘うためだからといって、アマニやモトモの背中に跳びかかることなど絶対にできなかった。オメガの分際でそんなずうずうしいことをするなど、たとえカモッツのように慈愛に満ちたオオカミでも許すはずがなかった。だが唯一、マツィだけは大目に見てくれた。私たちが群れと一緒に暮らした経験の中で、見ていて最高に幸せな気持ちに包まれたのが、この2頭がじゃれ合っているところ、そして、重荷から解放された瞬間ラコタの顔に喜びの表情が浮かぶのを見られたときだった。

私たちのプロジェクトの中心は、個々のオオカミたちが互いにどのような関係を築くかを調べることにあった。そこから群れの団結力を示す、非常に微細な徴候も明らかになった。彼らの社会的な行動の中でいちばん理解が進んでおらず、私たちが特に人々に伝えたいと思う部分だ。

さまざまな機会にオオカミたちを観察してきたが、
最も強く心に残ったのは彼らの情愛の深さだ。
大人のオオカミは互いに親愛の情を示し合い、
子どもたちには優しく接する。

アドルフ・ムーリー『マッキンレー山のオオカミ』

次頁：オオカミの群れは、両親、きょうだい、叔父叔母からなる拡大家族であり、複雑な構造を持つ社会的なまとまりである。配慮の必要な年寄りや教育の必要な子ども、自我を主張したくなる年頃の若者などがいて、群れのメンバー間の力学は常に変動している。

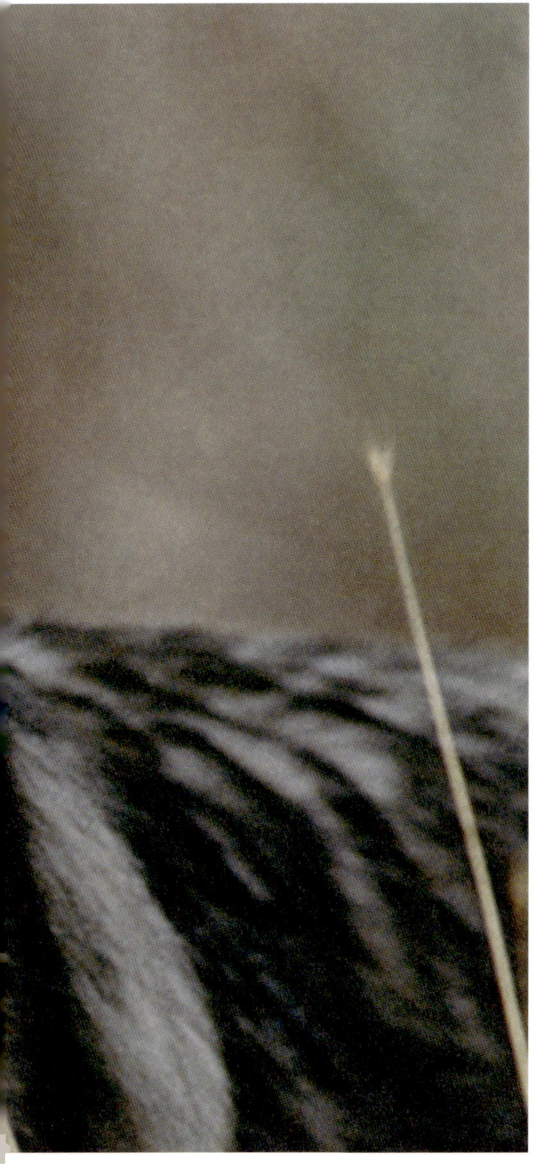

すべての犬はオオカミから進化した。犬のDNAはオオカミとほとんど同じである。オオカミも犬と同様、何はなくとも群れの仲間との絆が絶対に欠かせない生き物だ。犬の場合、群れの仲間とは一緒に暮らす人間を意味する。

オオカミの目を見つめることは、
あなた自身の魂を見つめることである。

アメリカ先住民のことわざ

群れの第1世代の1頭がピューマに殺されたことがある。そのとき、群れの行動が激変した。その事件が起こるまで、彼らは毎日、草地で追いかけっこやおもちゃの取り合いといった遊びをしていた。ところが、その事件が起こってから6週間、まったく遊びが観察されなくなったのだ。彼らは魂が抜けてしまったかのようだった。普段は至るところで連帯感が表現されていたが、この時期だけはオオカミたちはばらばらに単独で過ごしていた。

次頁：ピューマ事件の後、群れのオオカミたちは仲間から離れてなわばりのあちこちに散らばり、他のメンバーとの交流をできるだけ避けていた。そして、襲撃の起こった場所をしばしば訪れ、黙って地面の匂いを嗅いでいた。いつもは元気いっぱいの遠吠えも、陰鬱で悲しみに沈んでいた。しかも、1頭1頭単独で遠吠えするのだ。私たちの目には、彼らが、群れの仲間を偲び、喪に服しているように見えた。

ジョゼフ・キャンベルは……

人間は、神を発見したのではない。

神を創り出したのだ……と書いている。

ということは、人間は……

動物たちも創り出したのではないか、

と私は考えた。

バリー・ロペス『オオカミと人間』

次頁：オオカミたちと暮らした6年のあいだ、私たちは、群れが自分たち自身の社会を構築し、自分たち自身でリーダーを選び、自分たち自身で問題を解決するのを見てきた。私たちは、彼らが身体や声を使って意思を伝え合い、友情を育み、巣穴を掘り、子どもを産み育て、野生のピューマに殺された仲間の死を悼む様子を目撃した。相手の気持ちを思いやり、悲しみや喜び、罪の意識を感じている様子まで観察できた。

194、195頁：このプロジェクトでは、絶滅の危機に瀕した生き物を人間の存在に慣らすといった手法は取っていない。私たちが彼らの世界に常時入り込めば、人間に対する彼らの恐怖心が損なわれてしまうからだ。今度彼らに誰かが何かを向けるとき、それがカメラでなかったらどうしよう、といつも不安だった。

私たちがその老オオカミのところにたどり着いたとき、
ちょうどその目から緑色の荒々しい炎が消えるところだった。
そのとき私は知ったのだ。
その目には、私の知らなかった何かがあると。
彼女と山にしかわからない何かが。
そのことは現在に至るまでずっと私の心の中にある。
当時の私は若く、引き金を引きたくてうずうずしていた。
オオカミの数が減るということはシカが増えるということである。
したがって、オオカミの数がゼロになるということは、
猟師の天国が生まれるということだ、と私は考えていた。
だが、あの緑の炎が消える瞬間を目にしたとき、
私は、オオカミも山もそんな考えは間違っている
と思っていることを感じ取った。

アルド・レオポルド『野生のうたが聞こえる』

私たちが出会ったオオカミの中で、最も温厚で優しい性格だったラコタ。老齢になって、彼はついに最下位のオメガから解放された。代わってその地位にはワホッツが就いた。

前頁：オオカミの寿命は短い。平均すると5〜7年だ。1991〜96年のあいだに生まれたオオカミたちからなるソートゥース群は、今や大部分が思い出となってしまった。カモッツ、ラコタ、マツィをはじめとするすべてのオオカミたちが、美しさ、深遠さ、そして彼らの抱える矛盾までも、私たちの目に見えるかたちで明かしてくれた。野生の仲間たちの代理を務める外交使節として彼らが世界に波紋を投げかけてくれれば、と私たちは願っている。

下：雲を見下ろしてそびえるアイダホのソートゥース山脈。

前頁：土地使用許可の期限が切れ、プロジェクトが終わってソートゥースを離れなければならなくなった後、群れはアイダホ州北部のネズ・パース族の人々が提供してくれた土地に住みかを移した。私たちは、ソートゥース生まれの子どもたちが1歳になったときに再び会いに行った。それから5年、私たちは時おり彼らのもとを訪れたが、その度ごとに別れがどんどんつらくなっていった。

下：カモッツとチェムークの息子、ピイップと再会するジェイミー。ネズ・パース居留地にて。

新しい知見

［オオカミのいない時代］

1926～95年

イエローストーン国立公園にもともといたオオカミは、1926年には完全に駆除されていた。その影響でさまざまな変化が連鎖して起こり、公園の生態系はまったく違ったものになった。

ワピチは、捕食者であるオオカミがいなくなったため、急速に個体数を増やした。そこで頭数を抑えるために、パークレンジャーによって多数のワピチが殺処分されるか、よその土地に移された。捕食者に襲われるかもしれないという恐怖心を失ったワピチは、小川のそばにたむろし、土手に生えて土が流出するのを防いでいたヤナギやハコヤナギ、その他の灌木を食い尽くしてしまったため、鳥が巣作りをする場所が失われた。土手が崩れて川は幅が広く、浅くなった。さらに岸辺の植物による日陰が消えて水温が上昇したため、魚や両生類、爬虫類の生息できる場所が減少した。

ポプラは、ワピチが越冬するイエローストーン北部の谷間では十分な高さにまで成長しなくなった。急増したワピチによって餌場の若木はすっかり食べられてしまい、残っている木も大きなダメージを負ったのだ。

コヨーテも、オオカミと土地を共有する必要がなくなったため、数を増やした。コヨーテはワピチの子どもを殺すこともあるが、主な獲物はジリスやハタネズミなどの小型の哺乳類。また、プロングホーンの子どももよく狙う。オオカミの食べ残しがなくなったので、キツネやアメリカアナグマ、猛禽類、清掃動物の手に入る食糧も減少した。

［オオカミのいる時代］

1995年〜現在

ワピチの数が減り、その行動もオオカミの復活とともに変化した。小川沿いに長居することはなくなり、捕食動物を見つけやすい、視界のよく効く高い場所に隠れるようになったのだ。そのため、川沿いの土地は元の姿に戻っている。さらに最近では、干ばつや厳しい冬の寒さ、ハイイログマなどオオカミ以外の大型捕食動物も、公園内のワピチの個体数減少の原因となっている。

ポプラやヤナギ、ハコヤナギなどの植物は、ワピチが減ったために本来の成長パターンを取り戻した。ワピチに踏み荒らされていた川の土手も安定してきて、自然の川の流れも復活。そして、上にかぶさるように枝が伸びたおかげで川に日陰ができ、水温が下がったため、ニジマスをはじめとする水生動物もその恩恵を受けている。さらに、ヤナギの木に小鳥が巣をかけるようにもなった。川沿いの木々はビーバーの食糧や巣材にもなり、川をせき止められてできた池や湿地帯にカエルやハクチョウなどがやってくるようになった。

コヨーテの数も、再びオオカミと土地を共有するようになって減少した。多くのコヨーテがオオカミによって殺されたり追い払われたりしたため、プロングホーンの個体数増加につながっている。

オオカミが本来の住みかに戻り、捕食者と被捕食者の世界のバランスを保つ重要な役割を果たしている。彼らが必要なだけ食べた後の食べ残しは、ハクトウワシやイヌワシ、コヨーテ、ワタリガラス、クマ、清掃動物の食糧源となっている。

私たちが新たに理解したこと

動物がどのような感情を持っているか、科学者たちはずっと論争を続けている。オオカミのような生き物に、思いやりといった複雑な感情を持つ能力があるかもしれないと言われだしたのは、ごく最近のことだ。

思いやりとはいかなるものか、私たちはソートゥース群のおかげで理解できるようになった。思いやりはずっと、私たちの映画の基調をなすテーマだった。オオカミに関して人々に伝えたいメッセージの中で、最も大切なものだ。

オオカミには美しさ、強さ、聡明さがある。これらは、誰が見てもすぐにわかるオオカミの特性だ。しかしオオカミは、そういったものをはるかに超える何かを持っている。この動物たちは、何世紀ものあいだ悪意にさらされ、卑劣さ、野蛮さ、残酷さの権化として忌み嫌われてきた。だが、彼らは間違いなくお互いを大切に思っている。彼らからは、共感や思いやりとしか思えないものを持っている様子が確かに窺えるのだ。

次頁：アルファ雄のカモッツとベータ雄のマツィが、ソートゥース群を統率していた。

エピローグ

ソートゥース群の最初の子どもたちが目を開け、彼らの生活を間近に見せてくれるようになって以来、長い年月が流れた。彼らを迎えるにあたり、私たちはわくわくと心を躍らせ、彼らの生き方を学んで記録に残そうと意気込んでいた。そして、彼らが大人になるまで、健康や安全や幸福を阻害されることなく暮らせるよう尽力するつもりだった。さらに、プロジェクトが終わった後も安心して余生を過ごせる終の住みかも用意した。

だが6年後、オオカミたちを新しい住みかに移す日が来たとき、私たちはさよならを言う心の準備ができていなかった。彼らは私たちの大切な友だちになったのと同時に、野生の仲間たちを代弁する外交使節となっていた。ソートゥース群のオオカミたちの力を合わせて物事に対処しようとする姿勢や、お互いに対する思いやりの表れの1つ1つが、世界中のオオカミのありようを物語っている。彼らは、ただあるがままにふるまうことによって俗説や誤解を取り払ってきた。彼らは望んでその役割を引き受けたわけではないが、私たちの想像を超える鮮やかな手際でその仕事をやってのけた。

連邦林野庁の土地使用許可の期限が切れると、私たちはキャンプをたたんだ。しかし、ソートゥース群をそのままほったらかしにしていくことはできなかった。そして、いまだに誤解されたまま迫害を受けながら、原野にその足場を築こうと苦闘している、彼らの他の仲間たちを無視することもできなかった。オオカミには代弁者が必要だし、ソートゥース群から学べることはまだまだたくさんあった。

彼らを新しい住みかに連れて行ったとき、私たちは非常に心を打つ場面に遭遇した。プロジェクトが終了すると、私たちは1頭1頭のオオカミに注意深く鎮静剤を打ち、移送用のケージにそっと入れていった。そうして、アイダホ州北部のネズ・パース居留地を目指して車で出発した。慎重を期したつもりだったが、この旅はオオカミにとっても人間にとっても、文字通り神経をすり減らす過酷なものとなった。やっとの思いでこの旅を終えても、今度は見知らぬなわばりが群れの面々を待ち構えている——。

しかし、子オオカミたちにはひるんだ様子は見られなかった。そこで、私たちは彼らを最初に放すことにした。ケージから弾むように飛び出してきた子どもたちは、草原で大はしゃぎしていた。私たちは次に、カモッツを放した。彼はすぐさま自分の子どもたちの様子を確かめに行った。子どもたちが元気だったので、彼も安心し、間もなくいつもの自信を取り戻した。続いて他のメンバーもそれぞれケージから出てきた。そして、子オオカミの様子を確認し、それからカモッツのところへ行って大丈夫ですよと言うように彼の身体を舐めた。群れは、新たななわばりを偵察しに行く準備ができた——1頭を除いて。オメガのラコタだ。臆病な彼は、外に出てくるのを断固として拒んでいた。仲間が危険な目に遭っていないことは彼も見てわかっている。それでも彼は、安全なケージの中で縮こまっていた。

すると、カモッツが仲間たちから離れ、このきょうだいのところに戻ってきて、顔をのぞき込んだ。その間、他のオオカミたちはくんくん鳴きながらあたりをうろうろしていた。それから少し経って、目を真ん丸に見開いたラコタがケージの扉越しに鼻を外に突き出して、あたりの匂いを嗅いだ。やがて彼がおずおずと片足を伸ばして、草に触れると、カモッツが大丈夫だよと言うように、自分の肩を彼の肩にしっかりと押しつけた。そうして2頭はぴったり並んで草原に出てきたのだ。

それまでも思いやりが表現される現場はたびたび目撃してきたが、これは、その中でも最も感動的な場面だった。カモッツは、自分の家族が全員そろっていないうちは、新しいなわばりに出て行くつもりはなかったのだ。きょうだいが励ましを必要としていることを彼は理解していた。だからカモッツはそばにやってきてラコタを安心させ、外に出るように誘いかけたのだ。

1年前にも似たような出来事が起こっていた。そのときは、別のオオカミのグループが移送用ケージに入れられ、トラックの荷台に積み込まれて、カナダから南へ向かって同じような旅をしていた。アイダホに最初に再導入されたオオカミたちだ。論争と政治的スタンスの焦点となっていた彼らは、秘密のベールに包まれたまま到着した。アイダホ州知事は、オオカミを放すなら州兵を使って阻止すると脅していた。さらに、反オオカミ活動家による妨害活動があるのではないかという懸念もあった。

トラックからケージを降ろす担当者の耳には、中で動き回ったりよろめいたりする物音とともに、金属の床を爪でかりかり引っ掻く音が聞こえた。不安を表すボディランゲージだ。ケージの扉が開けられると、中に入れられていたオオカミたちは次々と勢いよく飛び出していった。不安に駆られて急に走り出したオオカミたちは、身を隠すことのできる森に優しく迎えられた——1頭を除いて。

その雌のオオカミはケージの中で縮こまり、ラコタと同じように外に出るのを頑として拒んだ。そこで、アイダホ州漁業狩猟委員会の嘱託獣医師がくくりわな棒を持って近づいた。暴れて危険な動物を扱うときに使う道具だ。獣医師は棒をケージの中に差し込み、出るのを渋るオオカミの首に輪を掛けて引き締め、彼女を引きずり出した。そして、本文でも触れたように、この瞬間が写真に収められ、世界中に公開される。金属の棒に咬みついているオオカミの狂ったように見開かれた目、むき出した歯……。古代から続く私たち人間の偏見に満ちたオオカミ観そのもの、救いようがないほど野蛮なけだものの姿だ。

同じおびえたオオカミなのに、この2頭の違いはどういうことだろう？　一方は歯をむき出しにしてうなりながら抵抗し、もう一方はおずおずしながらも自ら外に足を踏み出した。この違いを生み出したのは人間だ。抵抗した雌のオオカミも、ラコタのようにオメガだったのかもしれない。いずれにせよ、彼女には最も追い詰められた瞬間、必要としているものがいなかった。安心させ支えてくれる群れの仲間が。彼女の周りにいた人間たちが手を出すのを控えて待っていれば、おそらく彼女は自分のタイミングで外に出てきただろう。

けれども、私たち人間はオオカミを扱うときにそんなやり方はしない。私たちは、オオカミを「管理」する。私たちは、彼らが守るべき規則を考え出し、そのルールを守らなかったと言って彼らを殺す。彼らの数を、ビー玉の数を数えるように数え、いくつ以上が過剰かは政治家が決定する。だが、辛抱強く控えめなやり方のほうが、もっと望ましい結果を生むはずなのだ。オオカミについて多くのことを学ぶにつれて、彼らの知性や学習能力、適応能力を考慮に入れれば共存への道が見えてくることが、私たちにはわかってきた。

人間とオオカミという2つの種の間に軋轢《あつれき》が生じるのは、オオカミの捕食動物としての性向と人間の土地の利用法、すなわち狩りと牧場経営との利害が衝突するときだ。まず必要なのは、オオカミが家畜や猟獣、さらには観光や生態系にどんな影響を与えるか、マイナス面もプラス面も含めて偽りなく、徹底的に分析することだ。その次のステップは、オオカミの真の性質を理解し、その性質に反するのではなく、それを生かした努力をすることである。オオカミだけを管理してもだめなのだ。私たち自身のオオカミとの関わり方も管理していかなければならない。生物学者のティモシー・カミンスキーが言うように、「これはオオカミの問題ではない。人間の問題だ。かつて真実や事実で満たすことができた空間が、現在はイデオロギーや俗説や相手に対する悪感情、不信感をどんどん吸い込む真空地帯になっている。これではオオカミも人間も不利益を被るだけだ」

ソートゥース群のオオカミたちは、この真空地帯を埋めるべく、自分たちの役割を果たした。彼らは、私たちがめったに目にすることのない野生のオオカミ――私たちが管理し、狩り、悪いことをしたら殺すオオカミ――の代わりに、本当の顔を見せてくれた。北米、ヨーロッパ、アジアの森林には、自信にあふれ、群れの面倒を見るアルファたちがいる。巣穴を掘って子オオカミをかいがいしく育てる親、甘やかしてくれる叔父さん、いたずら好きのきょうだい、追いかけっこをしようと誘う穏和なオメガがいる。私たちはこれらのオオカミたちを知っている。なぜなら、私たちはソートゥース群によって映し出された彼らの姿を見ているからだ。

彼らのおかげで、そして多くの生物学者や牧場主、政府職員、明確なビジョンを持った人々の努力のおかげで、私たちは、誤った俗説や不信感を、忍耐と理解に置き換えるチャンスを得た。もし私たち人間が本気で、オオカミが生き、狩りをし、安定した社会を築けるようにするつもりならば、オオカミの性質、そしてオオカミの文化から学び、それらを道しるべにして行動を起こさなければならない。永続する共存を可能にする道を探求するなら、オオカミと人間は次のステップへ一緒に足を踏み出す必要があるのだ。

群れが新しいテリトリーに足を踏み入れた瞬間、カモッツはきょうだいのラコタが励ましを必要としていることを感じ取った。そしてラコタのもとに行き、肩をぴったりと触れ合わせ、安心して外に出てくるように促した。

新しい知見［北米のハイイロオオカミ］

編年史

■1870〜77年　オオカミ駆除の最盛期。州ごとに実施されていた懸賞金制度に加え、連邦政府も賞金目当ての猟師を雇い、オオカミ殲滅を目指した。この時期には、毎年10万頭ものオオカミが殺された。

■1914年　連邦政府が、西部において「農業に損害を与える」すべての生物を駆除することを承認。イエローストーン国立公園でオオカミ撲滅作戦が開始される。

■1926年　パークレンジャーが、イエローストーン最後のオオカミである2頭の子オオカミを射殺。

■1935〜68年　イエローストーンのワピチやその他の被捕食動物の数が過剰になり、公園内の植物を食い荒らすようになったため、パークレンジャーが銃やわなで殺処分したり移送したりした。

■1944年　アメリカの自然保護活動家の草分けであるアルド・レオポルドが、イエローストーンへのオオカミ再導入を提案。

■1974年　絶滅危惧種法により、ハイイロオオカミは連邦議会によって保護されるようになる。また、ロッキー山脈オオカミ復元研究チームが設立される。

■1987年　連邦内務省魚類野生生物局が、北部ロッキー山脈オオカミ復元計画を承認。

■1995〜96年　16万人を超えるさまざまな立場の人たちからの証言を含め、数多くの公聴会を実施した上で、オオカミ復元計画に基づき66頭のオオカミがカナダからイエローストーン及びアイダホ中央部に移送され、放される。

■2005年　連邦政府により、モンタナ州及びアイダホ州の家畜所有者は、家畜の脅威となっているオオカミを許可なしで殺すことが認められる。州当局や先住民居留地の自治政府も、ワピチやシカの保護のためにオオカミを殺すことが許可された。

■2007年　魚類野生生物局が、北部ロッキー山脈に生息するオオカミを絶滅危惧種リストから除外することを発議。しかし3カ月後、247人の研究者の連名で、オオカミの生息数は長期にわたって遺伝的健全性を維持するには十分ではなく、発議には反対するとの内容の書簡が同局に届けられる。

■2008〜10年　魚類野生生物局が、さらに2度にわたって絶滅危惧種リストからオオカミを除外することを発議するも、2度とも連邦裁判所によって退けられる。訴訟係属中、アイダホ州とモンタナ州では、一般の人々もオオカミ狩りを行っていた。

■2011年　連邦予算案の付加条項により、連邦議会がついにオオカミを絶滅危惧種リストから除外する。訴訟防止のため、付加条項には「違憲立法審査を受けない」という但し書きがつけられていた。これによりオオカミ狩りが再開される。また、群れを離れた一匹狼がオレゴン州境を越え、80年以上オオカミが生息していなかったカリフォルニア州に入ったことが確認される。

■2012年　1年でアイダホ州のオオカミの50%近くが殺される。ワイオミング州でも、面積にして80%を超える地域で、年間を通じて許可がなくともオオカミを見かけしだい射殺してもよいことになった。また、モンタナ州は狩猟許可数を3倍に増やし、オオカミのわな猟を解禁した。

全米48州における ハイイロオオカミ

変わりゆく環境：本来の生息域、縮小する生息域、回復した生息域
＊アラスカ・ハワイを除く

歴史上のハイイロオオカミ生息域

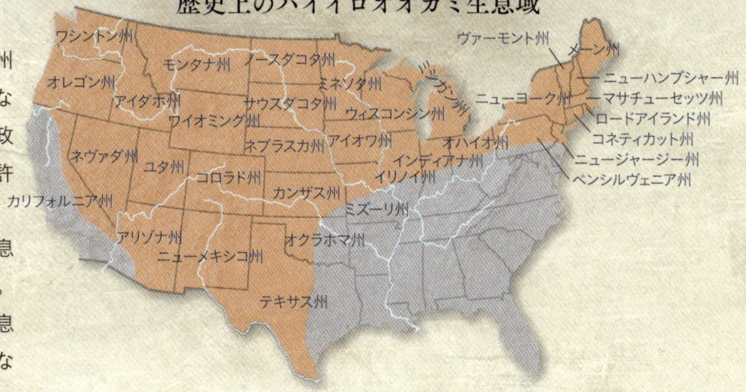

1974年時点でのハイイロオオカミ生息域

オオカミを完全に駆除しようという1世紀に及ぶ精力的な取り組みを経て、アラスカとハワイを除く全米48州では、ハイイロオオカミはほとんど絶滅状態になっていた。しかし1974年に絶滅危惧種法が施行され、姿を消しかけていたこの動物もすぐにそのリストに加えられる。これを受けて、内務省魚類野生生物局がハイイロオオカミを3つの地域に再導入する計画を始動させ、西部、東部、南西部それぞれに目標個体数が設定された。

現在のハイイロオオカミ生息域

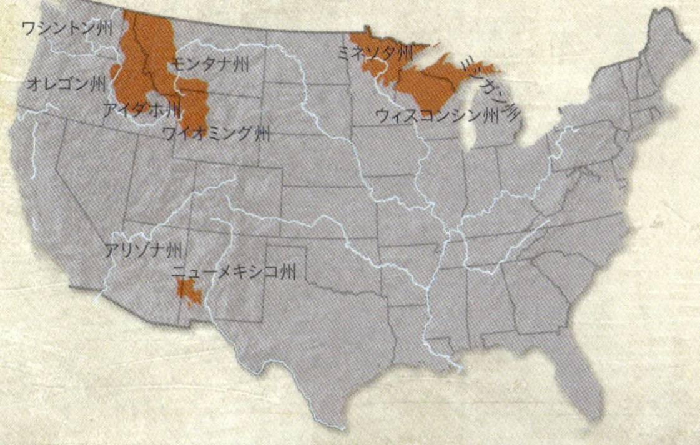

謝辞

私たちの映画のシナリオや書籍に文章を寄せてくれた、独創的な作家ジェームズ・マンフルの才能と友情に感謝する。彼は私たちとともにオオカミのさまざまな素顔を研究し、私たちの物語を本書という具体的な形にまとめ上げてくれた。

私たちのNPO、リビング・ウィズ・ウルブズの事業企画部長であるギャリック・ダッチャーの多彩な才能には、特別な感謝の意を表したい。『オオカミとともに暮らす』のプロダクション・マネジャーを含むさまざまな立場で私たちの映画のために何年も働いてくれた彼は、本書を生み出すために特筆すべき役割を果たしてくれた。その努力と献身の一途さに匹敵するのは、彼のオオカミに対する愛くらいなものだ。

リビング・ウィズ・ウルブズの広報部長であり、友人のノーマ・ダグラスにも感謝の気持ちを伝えたい。彼女は私たちの経験の価値を心から信じ、本書を生み出す上で私たちを励まし支えてくれた。出会ったときから現在に至るまで、彼女の存在は常に計り知れないほど貴重なものだった。

NPOのアドバイザーを務める優れた専門家のみなさんからは、調査や知識、経験をもとにした支援や情報をいただくことができた。また、長年にわたってずっと心のこもったアドバイスや励ましをいただいたロバート・レッドフォードの重恩も忘れられない。

そして、本書が世に出るためには、リビング・ウィズ・ウルブズの理事のみなさんの支援と友情も欠かせなかった。オーティス・ブース3世＆デビー夫妻、アラン・ブリンケン大使＆メリンダ夫妻、ジェームズ・ジリランド＆ルシア夫妻、ジーン・マクブライド・グリーン＆ジョン夫妻、ジョン・V・タニー議員＆カシンカ夫妻に感謝を申し上げたい。

それから、バーバラ・チミーノ＆ジム夫妻からいただいたリビング・ウィズ・ウルブズの活動への支援も忘れられない。

最後に、家族として、あるいは仕事仲間として、私たちと生活を共にするようになったすべてのオオカミの子孫たち、そして愛してくれる人が現れるのを保護施設で待っているたくさんの犬たちに、心から敬意を表したい。

オオカミを助けるために——私たちからのメッセージ

オオカミは私たちの生活の中心です。けれども、本や映画で彼らの物語をみなさんにお伝えするだけでは十分ではなく、私たちはそれ以上のことをしないではいられませんでした。何かしたいと思ってくださるみなさんのような人たちに私たちの仲間に加わっていただくために、道を開かなければならないという思いに駆られたのです。そこで、みなさんが持ってくださる関心が本当に意義のあるものになることを願って、私たちはリビング・ウィズ・ウルブズという革新的なNPOを立ち上げました。オオカミのため、オオカミとの共存を可能にする方法を探るためだけにつくられたNPOです。

アメリカ西部にオオカミが復活し、絶滅危惧種法は大成功を収めました。しかし、この成果を白紙に戻してしまおうとしている人たちもいます。みなさんが、オオカミを愛するすべての人々の意見に賛同してくださることを願っています。手始めに簡単に実行していただける3つのステップを、以下に紹介しておきたいと思います。

1. 私たちは常に新しい情報に通じている必要があります。それには役に立つ情報が手に入れられるところを知っておかなければなりません。私たちのウェブサイトwww.livingwithwolves.orgを訪問したり、Facebookページをチェックしたりするとよいでしょう。オオカミに関する新しいニュースがアップされています。また、私たちのメールマガジンでは、オオカミ保護に役立つ最新情報や援助方法に関する新しいアイデアをお伝えするとともに、NPOのアドバイザーを務める優秀な専門家のみなさんの所論を含め、最新の情報や研究成果、現地レポートなどをお届けしています。
2. オオカミの代弁者として、私たちと一緒に意見を述べましょう。立法府の人々や野生生物を管理する立場の人々はさまざまな決定を下します。その決定にあなたが関心を持っていることを、彼らに伝えるのです。あまり知られていませんが、連邦政府や州政府など、あらゆるレベルの野生生物関連の行政機関では、定期的に会議が開かれています。委員や議員の中であなたの意見を代表するのは誰か、オオカミに関する問題が討議されるときにそのような人々と連絡を取るにはどうすればよいか、私たちが情報を提供します。そのような人々は、みなさんの意見を聞きたがっているのです。
3. リビング・ウィズ・ウルブズの成功は、私たちの努力を支える寄付をしてくださる方々にかかっています。どんなにわずかな金額でもけっこうです。私たちのウェブサイトやFacebookページを訪れるか、Box 896, Sun Valley, ID83353にご連絡ください。

オオカミは私たちの自然遺産の一部です。その復活を成し遂げたことを、私たち1人1人が誇りに思うべきです。リビング・ウィズ・ウルブズでは、オオカミが直面するすべての脅威に光を当て、共存を促進する問題解決法を見つけるために努力していきます。みんなで力を合わせれば、オオカミの利益になるような効果的かつ永続的な変化を現実のものにすることができると確信しています。

参考資料・クレジット

【資料】

- Bekoff, Marc. *The Emotional Lives of Animals.* New World Library, 2007.
- Bekoff, Marc and Jane Goodall. *Minding Animals: Awareness, Emotions, and Heart.* Oxford University Press, 2002.
- Busch, Robert. *The Wolf Almanac.* The Lyons Press, 1995.
- Coleman, John T. Vicious *Wolves and Men in America.* Yale University Press, 2004.
- Crisler, Lois. *Arctic Wild.* Curtis Publishing Company, 1956.（『トリガーわが野性の家族――極北に狼とくらした一年半』ロイス・クライスラー著、前田三恵子訳、講談社、1964年）
- Derr, Mark. *How the Dog Became the Dog.* Overlook Press, 2011.
- Dutcher, Jim with Richard Ballantine. *The Sawtooth Wolves.* Rufus Publications, Inc., 1996.
- Dutcher, Jim and Jamie. *Wolves at Our Door: The Extraordinary Story of the Couple Who Lived with Wolves.* Simon and Schuster, 2002.
- Dutcher, Jim and Jamie. *Living with Wolves.* Washington: Mountaineers Press, 2005.
- Eisenberg, Cristina. *The Wolf's Tooth.* Island Press, 2010.
- Goodall, Jane and Marc Bekoff. *The Ten Trusts: What We Must Do to Care for the Animals We Love.* HarperCollins, 2002.
- Holleman, Marybeth, ed. *Among Wolves: The Work and Times of Dr. Gordon Haber.* University of Alaska Press, 2013.
- Knight, Elizabeth, ed. *Wolves of the High Arctic.* Voyageur Press, 1992.
- Landau, Diana, ed. *Wolf, Spirit of the Wild.* Walking Stick Press, 1993.
- Leopold, Aldo. *A Sand County Almanac.* Oxford University Press, 1949.（『野生のうたが聞こえる』アルド・レオポルド著、新島義昭訳、森林書房、1986年）
- Lopez, Barry Holstun. *Of Wolves and Men.* Charles Scribner's Sons, 1978.（『オオカミと人間』バリー・ホルスタン・ロペス著、中村妙子・岩原明子訳、草思社、1984年）
- McIntyre, Rick, ed. *War Against the Wolf.* Voyageur Press, 1995.
- Mech, L. David, and Luigi Boitani, eds. *Wolves: Behavior, Ecology, and Conservation.* University of Chicago Press, 2003.
- Murie, Adolph. *The Wolves of Mount McKinley.* University of Washington Press. 1985.（『マッキンレー山のオオカミ〈上・下〉』アドルフ・ムーリー著、今西錦司監修、奥崎政美訳、思索社、1975年）
- Musiani, Marco, Luigi Boitani, and Paul Paquet, eds. *A New Era for Wolves and People: Wolf Recovery, Human Attitudes, and Policy.* University of Calgary Press, 2009.
- Niemeyer, Carter. *Wolfer.* Bottle Fly Press, 2010.
- Robisch, S. K. *Wolves and the Wolf Myth in American Literature.* University of Nevada Press, 2009.

【ダッチャー・フィルム・プロダクションズによるドキュメンタリー映画】

- *Water, Birth, the Planet Earth.* PBS/National Geographic, 1985.
- *A Rocky Mountain Beaver Pond.* National Geographic Special, 1987.
- *Cougar: Ghost of the Rockies.* ABC World of Discovery, 1990.
- *Wolf: Return of a Legend.* ABC World of Discovery, 1993.
- *Wolves at Our Door.* Discovery Channel, 1997.（『オオカミと生きる』）
- *Living with Wolves.* Discovery Channel, 2005.

【クレジット】

特に明記されていない写真は、すべて筆者たちによる。

- p.7, Kristina Loggia; p.104下, Walt Disney Pictures/Ronald Grant Archive/Mary Evans Picture Library; p.105上, Library of Congress Prints & Photographs Division, LC-DIG-pga-02737; p.105下, Mary Evans Picture Library/Arthur Rackham; p.106, Library of Congress, Prints & Photographs Division, Edward S. Curtis Collection, LC-USZ62-136607; p.107左下, Richard A. Cooke/Corbis; p.107右下, Michael T. Sedam/Corbis; p.108上, Jenny Niemeyer, 2007; p.108下, Yva Momatiuk & John Eastcott/Minden Pictures/National Geographic Stock; p.155上, Jim Brandenburg/Minden Pictures/National Geographic Stock; p.156上, Matt Moyer/National Geographic Stock; p.156下, Matt Moyer/National Geographic Stock; p.157左, NGM Art Source: USDA National Agricultural Statistics Service; p.157右, Matt Moyer/National Geographic Stock.
- その他の写真：
  Franz Camenzind, Johann Guschelbauer, Janet Kellam, Bob Poole, Shane Stent.
- イラスト：
  pp.12-3, pp.202-3, Fernando G. Baptista; p.20, Evelyn Backman Phillips.
- 地図情報：
  U.S. Fish and Wildlife Service： fws.gov
  IUCN Red List： maps.iucnredlist.org
  Montana Field Guide： fieldguide.mt.gov
  Hall, E.R., The Mammals of North America. Vol.2., 2nd ed

THE HIDDEN LIFE OF WOLVES
By Jim and Jamie Dutcher with James Manfull

装丁・本文デザイン：米倉英弘、鎌内 文（細山田デザイン事務所）
本文組版：有朋社
翻訳協力：（株）トランネット

オオカミたちの隠された生活

2014 年 5 月 1 日　初版第 1 刷発行

著者　ジム＆ジェイミー・ダッチャー
訳者　岩井木綿子
発行者　澤井聖一
発行所　株式会社エクスナレッジ
〒 106-0032 東京都港区六本木 7-2-26
http://www.xknowledge.co.jp/

編集　Tel：03-3403-1381 ／ Fax：03-3403-1345
mail：info@xknowledge.co.jp
販売　Tel：03-3403-1321 ／ Fax：03-3403-1829